镁合金无缝管轧制基础理论

丁小凤　著

北　京
冶　金　工　业　出　版　社
2022

内容提要

本书从镁合金热变形特点出发，系统地介绍了镁合金的热变形行为、本构模型、热加工图及热加工过程镁合金组织演变和晶粒取向，并对镁合金无缝管轧制工艺变形特征、数学模型及工艺过程进行了阐述，同时还对镁合金无缝管连轧工艺做了简要介绍。全书共分7章，主要内容包括：镁合金热变形行为及加工图，热加工过程镁合金组织演变和晶粒取向，镁合金无缝管轧制变形特征及数学模型，镁合金无缝管轧制工艺数值模拟及实验，镁合金无缝管轧制微观组织及性能，以及镁合金无缝管连轧工艺。

本书可供研究镁合金塑性变形理论的学者以及镁合金管制备与生产的工程技术人员阅读，也可作为高等院校相关专业师生的参考书。

图书在版编目(CIP)数据

镁合金无缝管轧制基础理论／丁小凤著．—北京：冶金工业出版社，2022.9

ISBN 978-7-5024-9215-1

Ⅰ.①镁…　Ⅱ.①丁…　Ⅲ.①镁合金—金属无缝管—管材轧制　Ⅳ.①TG337

中国版本图书馆CIP数据核字(2022)第132450号

镁合金无缝管轧制基础理论

出版发行　冶金工业出版社　**电　话**　(010)64027926

地　址　北京市东城区嵩祝院北巷39号　**邮　编**　100009

网　址　www.mip1953.com　**电子信箱**　service@mip1953.com

责任编辑　夏小雪　美术编辑　燕展疆　版式设计　郑小利

责任校对　郑　娟　责任印制　李玉山

北京建宏印刷有限公司印刷

2022年9月第1版，2022年9月第1次印刷

710mm×1000mm　1/16；11.5印张；186千字；173页

定价68.00元

投稿电话　**(010)64027932**　**投稿信箱**　**tougao@cnmip.com.cn**

营销中心电话　**(010)64044283**

冶金工业出版社天猫旗舰店　**yjgycbs.tmall.com**

(本书如有印装质量问题，本社营销中心负责退换)

前　　言

镁合金具有低密度、高比强度和比刚度、良好导热性等优点，作为潜在的结构材料可部分代替钢铁、铝合金，被广泛用于航空航天、新能源汽车等领域。国家提出以轻质、高强、大规格、耐高温、耐腐蚀、耐疲劳为发展方向，发展高性能镁合金，重点满足大飞机、高速铁路等交通运输装备需求，解决镁合金设计与结构调控的重大科学问题，加快镁合金制备及深加工技术开发。国内已有一批镁合金深加工优势企业，由于镁合金成形理论、工艺及设备方面存在技术性缺陷，其生产相对落后，致使能耗较高、产业污染较严重、资源综合利用率低。管材方面的研究难以脱离挤压和拉拔工艺生产出现的毛管再加工问题。尽管镁合金轧制已初步应用于工业生产，但由于镁合金塑性变形微观机理和轧制加工原理尚不完善，采用传统的轧制工艺及装备难以满足镁合金特殊塑性要求，致使产品质量不稳定，产品成材率低。因此，开展镁合金无缝管轧制基础理论研究对加速镁合金深加工行业发展具有重大意义。

作者结合多年的研究实践及在镁合金热加工变形特性与镁合金无缝管轧制工艺等方面的研究成果基础上著成本书。其中，第 1 章详细介绍了镁合金性能特点及应用、镁合金塑性成形机制、镁合金管材加工及微观组织的国内外研究现状；第 2 章分析了镁合金热变形行为并构建了热加工图，得到合适的加工窗口；第 3 章论述了热加工过程中镁合金微观组织及晶粒取向演变规律；第 4 章介绍了镁合金无缝管轧制变形特征并构建了轧制过程数学模型；第 5 章阐述了镁合金无缝管轧制过程数值模拟及实验结果；第 6 章分析了镁合金无缝管轧制微观组织及性能；第 7 章介绍了镁合金无缝管连轧工艺，包括应力-应变分布、连轧变形特征、轧制力学模型以及轧制过程数值模拟与实验结果。

本书图文并茂，由浅入深，不仅可作为镁合金加工专业的研究生和大学本科高年级学生的参考书，亦可供从事该领域研究和生产的科技人员阅读。如果本书能够为广大读者对镁合金无缝管加工研究和生产现场有启发和帮助，作者将倍感欣慰！

本书内容涉及的研究是在山西省自然科学基金项目（201601D011029）、山西省青年基金项目（202103021223287）的支持下完成的。作者在研究及撰写本书的过程中得到了许多同行的大力帮助和支持。在此由衷地感谢太原科技大学的双远华教授、王建梅教授、陈建勋教授级高级工程师、赵富强教授等提供的宝贵建议和实验支持！感谢课题组周研、苟毓俊、毛飞龙、胡建华、王清华等对研究工作做出的贡献！还要感谢研究生武泽昊、蒯玉龙、李通等在本书撰写过程中所做的图片处理、文献查找和文字校对工作！此外，本书的出版得到了太原科技大学重型机械教育部工程研究中心的资助，在此表示诚挚的感谢！

限于作者水平及编写时间，若书中存在不足和疏漏之处，敬请读者批评指正！

丁小凤

2022年7月

目　　录

1 绪　　论

1.1 镁合金性能特点及应用

1.1.1 镁合金的性能特点

镁作为最轻的金属材料之一，密度仅为 1.74g/cm^3，约为铝合金密度的 2/3，仅为钢铁密度的 1/4。同时镁及其合金具有比强度高、比刚度高、密度小、导电性和导热性优良，电磁屏蔽性能优异，减震性能强且具有很好的生物兼容性等特点。镁标准电极电位低，化学性质活泼，容易氧化腐蚀，耐蚀性及力学性能较差。镁合金是当前最轻的金属结构材料，其铸造性好，零件尺寸稳定性高，熔化潜热较低，易于回收利用。

按照成型方式分类，镁合金可分为铸造镁合金和变形镁合金。铸造镁合金是以镁为基体加入其他合金元素形成的镁合金，适用于铸造方法制造零件，其按合金化元素分为 Mg-Al-Zn 系铸造镁合金、Mg-Zn-Zr 系铸造镁合金、Mg-RE-Zr 系铸造镁合金等[1]。由于镁合金具有较好的铸造性能，目前镁合金的应用形式还是以镁合金铸件为主，但铸造后的镁合金构件力学性能较一般，同时受限于铸造工艺，构件尺寸及形状方面具有较大的局限性，且铸造容易产生成分偏析等缺陷，以上都造成了镁合金铸件很难应用于对性能有要求的产业。

相对于铸造镁合金在铸造后会产生成分偏析等缺陷，变形镁合金构件成型后的性能明显优于铸造镁合金，如图 1-1 所示。所谓的变形镁合金是指通过塑性变形加工后的镁合金，并且变形镁合金的组织均匀性明显好于铸态，铸造镁合金产生的枝晶偏析等缺陷也会随着变形得到明显消除。变形之后的镁合金构件还可以通过热处理工艺进一步调控组织与性能，从而更好地对变形镁合金构件的应用与发展起到促进作用。

变形镁合金按照合金化学成分可分为以下几类[2]：

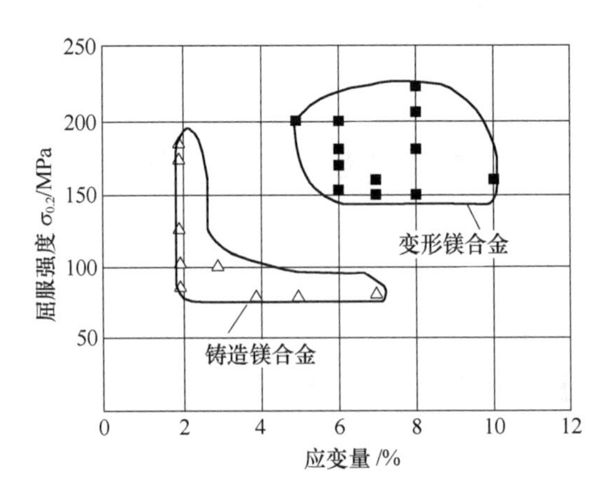

图 1-1 变形镁合金与铸造镁合金屈服强度对比[2]

（1）Mg-Li 系合金。该合金系的美国牌号主要有 LA141A、LS141A，镁锂合金是目前最轻质的金属结构材料。在 Mg 中加入 Li 元素，可使 Mg 的性质发生特殊的改变，随着 Li 含量的增加，合金的密度降低，塑性增加。

（2）Mg-Mn 系合金。该合金系的美国牌号主要包括 M1、ZM21、ZM31 等，国内牌号有 MB1、MB8 等。该类合金耐腐蚀性高，无应力腐蚀倾向，焊接性能良好。

（3）Mg-Al-Zn-Mn 系合金。该合金系的美国牌号主要包括 AZ31、AZ61、AZ80 等，国内牌号主要有 MB2、MB3、MB5 等，此类合金在室温下具有良好的力学性能和焊接性能。

（4）Mg-Zn-Zr 系合金。该合金系的美国牌号主要包括 ZK60、ZK61 等，国内牌号主要有 MB15、MB18、MB21、MB22、MB25，除 MB15 以外，其余可归为试验合金，也可归为含稀土镁合金。此类合金在室温下具有中等可塑性，高温瞬态强度明显优于其他镁合金（如 AZ31 等），具有良好的成形和焊接性能，无应力腐蚀倾向。

（5）Mg-RE 系合金。该合金系的美国牌号主要有 ZE10 等，国内牌号主要有 MB8、MB18、MB21、MB22、MB25 等。Mg-RE 系合金是近年来新开发的变形镁合金，具有优异的耐热性和耐蚀性，一般无应力腐蚀倾向。

（6）Mg-Th 系合金。该合金系的美国牌号主要包括 HK31、HM21、HM31、HZ11 等。该类合金具有优良的高温性能，焊接性能良好，主要用于高速飞机、火箭、导弹等部件。但钍是一种放射性元素，对于人与自然有害，通常被限制使用。

1.1.2 镁合金应用

基于镁合金的上述优点，它在节能减排及绿色制造等方面具有巨大发展潜力，被应用在交通运输、航空航天、国防军工、医疗及电子通信等多个领域。

1.1.2.1 交通运输领域

随着汽车工业快速发展及汽车产量持续增加，能源环保问题日趋严峻。资料显示，汽车质量每降低100kg，每百公里油耗就可以减少0.7L，二氧化碳排放也可以减少约5g/km，如果每辆汽车都能使用70kg的镁合金，二氧化碳的年排放量将减少30%以上。因此，汽车轻量化已经成为减少能源消耗和环境污染的有效手段。

1930年德国首次在汽车上使用了73.8kg的镁合金；1980年大众公司生产的1900万辆甲壳虫汽车共计用镁合金铸件38万吨；1998年福特公司推出的Diata混合动力轻质概念车使用了超过100kg的镁合金，远超当时其他汽车上所用的镁合金质量；2013年山西银光镁业制备出质量仅为同规格铸铝轮毂一半的锻造镁合金轮毂；2014年雷诺三星汽车用镁合金板材代替原钢后座板和后备箱壳体，成功减重约2.2kg；2016年山东沂星电动客车有限公司首次生产出了配有镁合金车架的电动客车，相比原钢制或铝制车架可分别减重70%和30%[3]。镁合金在汽车工业领域的应用如图1-2所示。

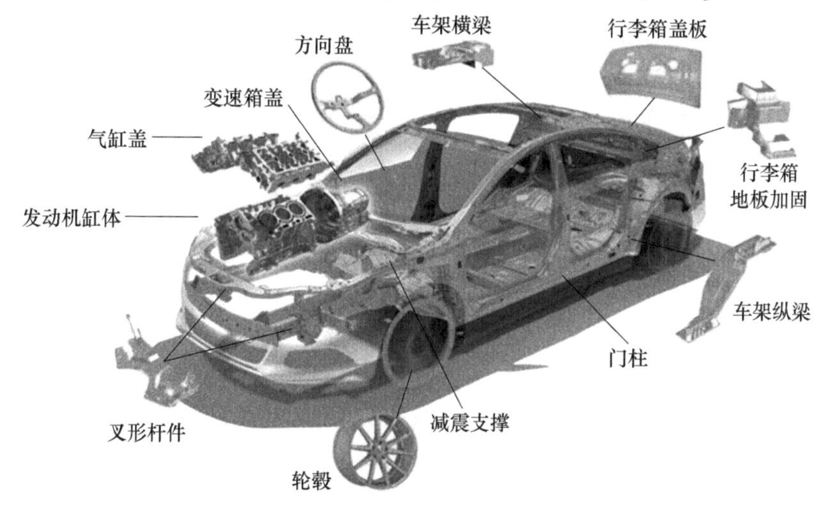

图1-2 镁合金在汽车工业领域的应用

1.1.2.2 航空航天领域

镁合金的应用能够大大减轻零件质量，提高飞行器机动性能，节约发射成本，带来巨大的减重效益[4]。从 20 世纪 30 年代开始，镁合金被用于制造飞机零部件，而目前主要应用包括飞机座椅框架、发动机机匣及壳体等[5]。研究人员利用 MSR 镁合金制造了仅重 130kg 的劳斯莱斯以及 BR710 型发动机的空压机壳体；喷气式歼击机“洛克希德 F-80”的机翼采用镁板能够使结构零件数量从 47758 个减少到 16050 个；Talon 超音速教练机有 11%的机身是由镁合金制造的；我国研制的高强稀土镁合金 MB25 已替代部分中强铝合金，并已装配在歼击机上；中北大学所研制的镁合金零件已经装备在某型号火箭和弹体上，而且该构件的使用能够大幅降低武器装备的质量、增加作战效率[3]。上海交通大学将先进镁合金材料与成形新工艺相结合，制备了多种航空航天用部件：（1）采用涂层转移精密铸造技术和 JDM1 铸造镁合金结合，成功制备了某型号轻型导弹舱体和发动机机匣，如图 1-3 所示，满足了舱体和发动机机匣的内表面（非加工面）对光洁度的高要求。（2）采用大型铸件低压铸造技术和 JDM2 铸造镁合金结合，成功制备了某型直升机尾部减速机匣和某型号导弹壳体。JDM2 镁合金与常规等温热挤压工艺相结合，成功制备了某型号轻型导弹弹翼，如图 1-4 所示。

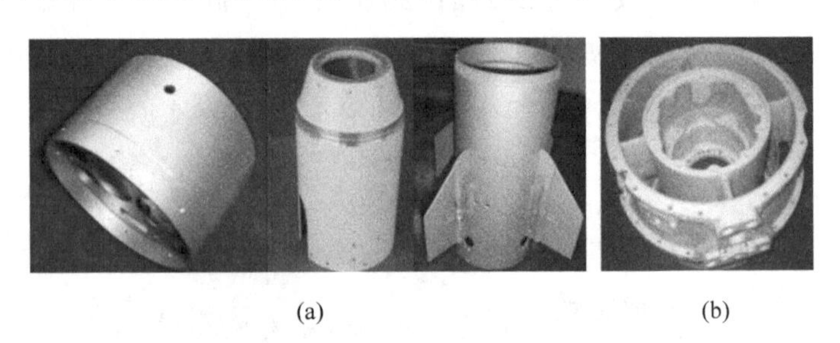

(a) (b)

图 1-3 镁合金在航空航天领域的应用（一）

（a）导弹舱体；（b）发动机机匣

1.1.2.3 电子技术产业

现代电子器件对材料有质量轻，散热快以及电磁屏蔽性能强等要求。传统的塑料导热性较差，铝合金材料的密度较大，由于镁合金轻质、散热性能好、电磁屏蔽性好以及良好的资源可回收性，逐渐成为电子产品生产的主要

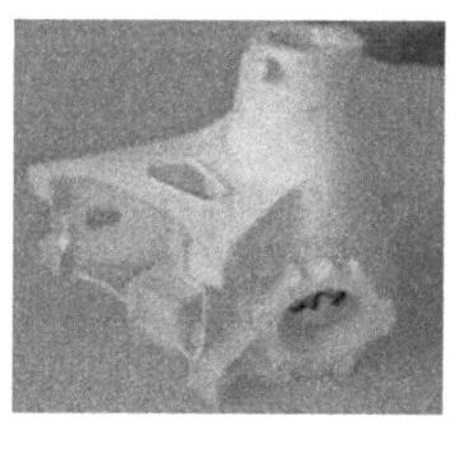

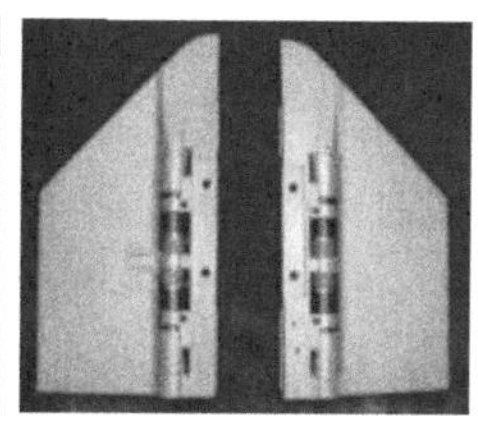

(a) (b)

图 1-4 镁合金在航空航天领域的应用（二）

（a）某直升机尾减速匣子；（b）导弹弹翼

材料，并在智能手机、平板电脑以及智慧家电产品上得到了广泛应用。如果使用壁厚仅为 0.82mm 的镁合金替换手提电脑中 2.2mm 厚的塑料外壳，可以减重约 46%，而且抗拉强度可以提高 1.4 倍。索尼公司推出的 TCD-D100 数码随身听机壳采用镁合金材料，其带的电池仅重约 377g；松下公司推出的 SJ-MJ7 微型激光唱机的镁合金壳厚为 0.4～0.6mm，而且质量仅为 125g；2015 年微软公司生产的 Surface2 个人电脑的镁合金外壳仅重 620g。

1.1.2.4 生物医疗领域

由于镁合金的生物相容性比陶瓷、金属材料等更好，可参与到人体的很多代谢反应。植入人体后的镁合金不仅可以被人体所吸收，其释放出的镁离子还可以对骨细胞的生长增殖以及分化产生有利影响[6]，所以，镁合金也被应用到生物医疗领域中。

1.2 镁合金塑性成形机制

镁合金塑性变形主要包括滑移、孪生、晶界滑移等[7]，其中滑移、孪生属于晶内塑性变形。镁合金在塑性变形过程中除了晶内变形外，晶界结构的特殊性导致其附近容易进行位错的攀移和原子扩散等活动，并吸收滑移至晶界的位错。一些晶间塑性变形机制可在塑性变形过程中发挥重要作用，镁合金最重要的晶间变形机制是相邻晶粒之间的相对滑动即晶界滑移。

1.2.1 位错滑移机制

镁合金塑性变形主要通过位错运动来实现，其塑性变形与位错特征相关，而位错特征又取决于镁合金材料本身的密排六方结构特征[8]。其塑性变形能力取决于变形过程中独立滑移系的数量及其启动情况。晶向$<11\bar{2}0>$是镁合金晶格中原子排列最密方向，滑移最容易在此方向发生。(0001）基面、三个｛$1\bar{1}00$｝棱柱面和六个｛$1\bar{1}01$｝锥面里包含$<11\bar{2}0>$晶向，而在应力集中的晶界附近才有可能发生棱柱面和锥面等非基面的滑移。镁合金依据滑移面分为基面滑移和非基面滑移，如图 1-5 所示。按滑移过程中伯氏矢量分为：a 滑移、$c+a$ 滑移，如图 1-6 所示。

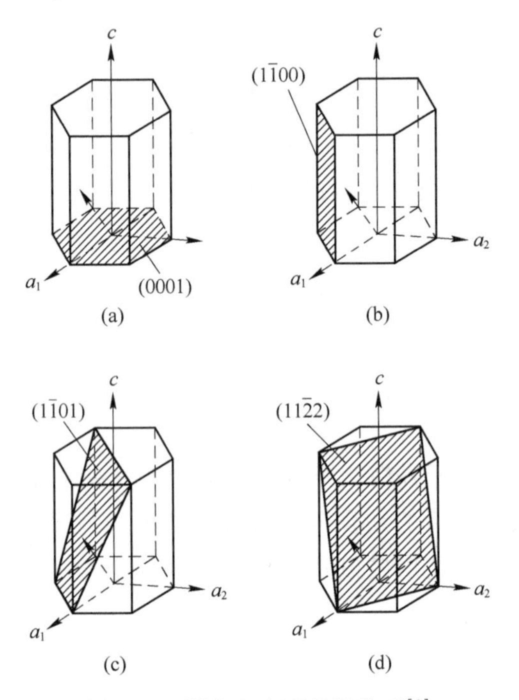

图 1-5 镁合金主要的滑移系[9]

（a）<*a*>-基面；（b）<*a*>-柱面；（c）<*a*>-锥面；（d）<*c*+*a*>-锥面

依据 Von-Mises 准则，像镁合金这种多晶材料，必须具备 5 个以上独立的滑移系才能保证均匀无裂纹塑性变形，其独立滑移系见表 1-1。室温下，镁合金只有 2 个独立的基面滑移系可启动，不能满足 Von-Mises 准则。通常情况下，晶体取向影响镁合金的塑性变形机制，引入取向因子，即 Schmid 因子衡量变形难易，其值越大，滑移系启动越容易。镁合金塑性变形是由剪切力引起的，当数值达到特定值，位错才启动，此剪切力定义为临界剪切力（CRSS，Critical Resolved Shear Stress）。室温下，镁合金的基面滑移与柱面滑

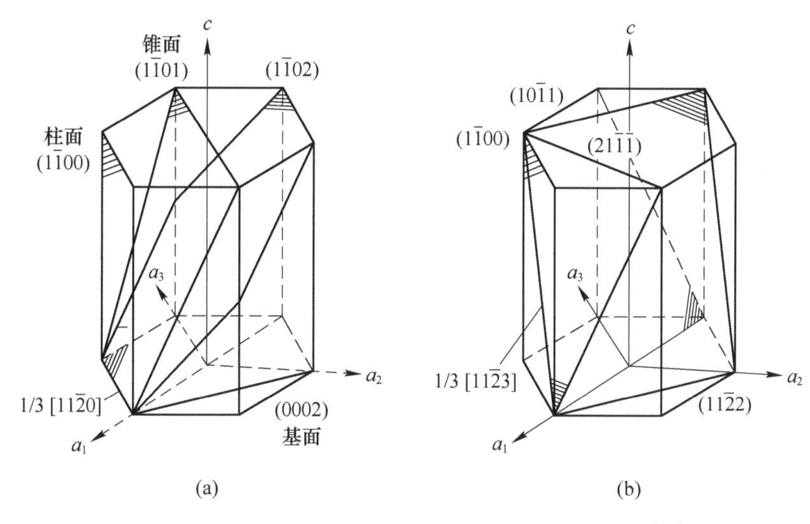

图 1-6 镁合金中 a 滑移（a）和 $c+a$ 滑移（b）[16]

移 CRSS 相差较大，分别达到 0.6~0.7MPa 和 40MPa[10~13]。所以，镁合金室温下的塑性变形机制主要是｛0001｝<11$\bar{2}$0>基面滑移，当存在较高的应力集中时，柱面滑移和锥面滑移被激活启动。镁合金对温度特别敏感，随着温度的升高其各滑移系的 CRSS 均降低。超过 350℃，镁合金的基面滑移与非基面滑移的 CRSS 相差不大，各滑移系均可被激活启动，镁合金的塑性变形能力增强[14,15]。

表 1-1 镁合金的独立滑移系

滑移系	滑移面	滑移方向	独立滑移系数量
基面滑移	(0001)	<11$\bar{2}$0>	2
棱柱面滑移	｛10$\bar{1}$0｝	<11$\bar{2}$0>	2
	｛11$\bar{2}$0｝		
锥面滑移	｛10$\bar{1}$1｝	<11$\bar{2}$0>	4
	｛11$\bar{2}$1｝	<11$\bar{2}$3>	5
	｛11$\bar{2}$2｝		

1.2.2 孪生机制

镁合金孪晶主要有两种形成方式：塑性变形形成变形孪晶和晶体形核及其长大，例如，退火孪晶和相变孪晶等。镁合金孪晶变形所需的 CRSS 值要比相应滑移的大很多，在低温、高速率或变形后期位错塞积造成滑移停滞的情况下，孪晶成了主要变形机制。室温下，镁合金的柱面滑移与锥面滑移需要较高的 CRSS 才能启动，此时基面滑移可提供 2 个独立的滑移系协调其 c 轴垂直方向的应变，而 c 轴平行方向的应变主要由孪生协调[17~20]。镁合金中的滑移与孪生相互竞争相互补充，滑移变形在晶界等障碍物处塞积，造成应力集中诱导孪晶生成；孪晶变形使晶体发生转动改变晶粒取向便于硬取向继续滑移。

镁合金中主要存在两种孪生模式：拉伸孪晶 $\{10\bar{1}2\}$ $\langle 10\bar{1}1\rangle$ 和压缩孪晶 $\{10\bar{1}1\}$ $\langle 10\bar{1}2\rangle$。沿着晶粒 c 轴方向拉伸或垂直于 c 轴方向压缩激发拉伸孪晶，沿着晶粒 c 轴方向压缩或垂直于 c 轴方向拉伸激发压缩孪晶。室温下，拉伸孪晶的 CRSS 值为 2~3MPa，压缩孪晶的 CRSS 值为 76~153MPa，所以易于发生拉伸孪晶。除此之外，二次孪晶也在镁合金变形中发生重要作用，它以一次孪生生成的孪晶为基体发生再次孪生[21~26]。常见的一次孪生和二次孪生类型及相应转角和转轴见表 1-2。

表 1-2 镁合金的一次孪生和二次孪生类型以及相应转角和转轴[27]

类型	转角/转轴
$\{10\bar{1}1\}$	$56°\langle 1\bar{2}10\rangle$
$\{10\bar{1}2\}$	$86°\langle 1\bar{2}10\rangle$
$\{10\bar{1}3\}$	$64°\langle 1\bar{2}10\rangle$
$\{10\bar{1}1\}-\{10\bar{1}2\}$	$38°\langle 1\bar{2}10\rangle$
$\{10\bar{1}3\}-\{10\bar{1}2\}$	$22°\langle 1\bar{2}10\rangle$

$\{10\bar{1}2\}$ 孪生类型及对应转角和转轴见表 1-3。

表 1-3 $\{10\bar{1}2\}$ 孪生类型及对应转角和转轴[28]

类型	转角/转轴
$(10\bar{1}2)-\{\bar{1}012\}$	$7.4°\langle 1\bar{2}10\rangle$
$(10\bar{1}2)-\{01\bar{1}2\}$	$60.0°\langle 10\bar{1}0\rangle$①
$(10\bar{1}2)-\{0\bar{1}12\}$	$60.4°\langle 8\bar{1}\bar{7}0\rangle$②

①实际的转轴偏离 $\langle 10\bar{1}0\rangle$ 3.7°。

②实际的转轴偏离 $\langle 8\bar{1}\bar{7}0\rangle$ 0.2°。

一般认为，镁合金的孪生对晶体塑性变形直接影响不大，主要是协调晶粒的取向，激发进一步滑移和孪生，使其交替进行获得更大变形。孪晶间相互作用影响镁合金的塑性变形、硬化、断裂行为。

1.2.3 晶界滑移

晶界滑移的主要特征为：即使在很大的应变下晶粒也不会被拉长，而是保持等轴状；变形样品表面微观形貌呈现凹凸不平的台阶（见图 1-7）；晶界取向差分布不会发生明显变化等。此外，晶界滑移变形时所对应的应变速率敏感性指数也较大，材料的断裂主要是晶界处孔洞的形成和聚集所引起的，因此其断口往往呈晶间断裂的特征。

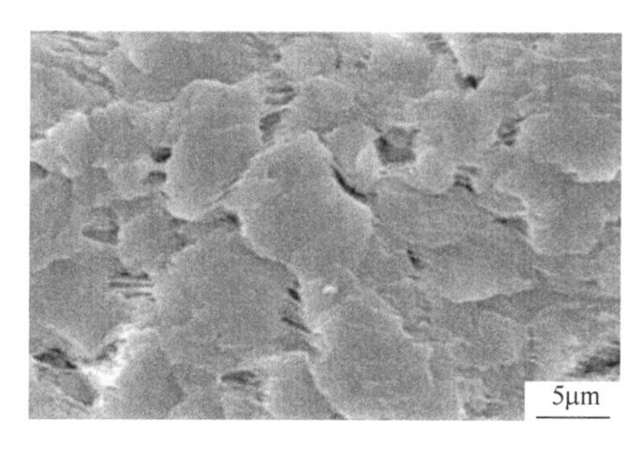

图 1-7 发生晶界滑移的镁合金样品表面形貌[29]

镁合金中晶界滑移通常只有在高温低应变速率条件下才能发生。随着温度的升高，晶界滑移对材料总应变的贡献增大。特别是在变形量很大的情况下（如超塑性成形时），晶界滑移甚至可成为最主要的塑性变形机制。但在细晶镁合金中，即使在室温和总变形量较小的情况下也可能发生明显的晶界滑移。值得注意的是，晶界滑移往往会导致局部地区特别是三叉晶交界处严重的应力集中，因此要想获得大的塑性应变，必须依靠扩散流动或扩散控制的滑移来释放应力并协调变形。

1.3 镁合金管材加工国内外研究现状

为了减少汽车、高速列车、飞机和其他运输系统的燃料消耗和气体排放，轻量化结构件的生产变得越来越重要[30]。由于镁合金密度低、比强度高、比刚度高等特点，作为潜在的结构材料代替钢铁、铝合金[31,32]。管件作为重要的结构件被广泛应用在运输系统中，需要生产低成本高力学性能的镁合金管来代替钢管和铝合金管[33]。然而，镁合金鉴于自身的六方晶体结构，在室温下比钢和铝合金成形性差。当前生产高性能的镁合金管主要集中在两方面：一方面通过添加稀有元素提高镁合金管强度，另一方面通过开发新工艺获得高质量管[34~37]。现在镁合金管加工方法主要有拉拔、挤压和轧制。

1.3.1 拉拔

研究者们采用多道次拉拔来生产小直径管。Hanada 等[38] 采用冷拔工艺开发薄壁高质量的镁合金微管，外径达到 1.5~1.8mm，厚度可达 150μm。然而晶体取向影响其腐蚀性能，需通过改变变形量和拉拔方向来控制晶体取向。Fang 等[39] 通过多道次冷拔工艺制备生物可降解支架，成功地开发了一种具有移动心轴的多通道冷拉工艺，但生成的微管后续需要在 300℃ 进行退火处理来提高成形性，此工艺需多道次才能累积压下量，工艺较复杂。

西北有色金属研究院于振涛等[40] 采用多道次空芯或芯轴热拉拔方法，成功制备一种外径小于 6mm 的医用薄壁细直径镁合金管。于宝义等[41] 研究了挤压态 AZ31 管材的拉拔工艺，分别对挤压态的 ϕ14mm×2mm 管材进行 4 道次与 8 道次拉拔，得到表面质量较好的 ϕ10mm×2mm 管。

何淼[42] 设计了一种制备镁合金管材的拉拔工艺，设计封闭的拉拔装置和模具可实现加热控温，通过挤压、拉拔和热处理复合工艺制备出的镁合金薄壁细管表面光滑、壁厚均匀、组织性能良好，实验验证此设备可成功拉拔加工镁合金棒材和管材。

1.3.2 挤压

目前多采用挤压工艺生产镁合金无缝管，Hsiang 等[43] 采用热挤压工艺生产 AZ31 镁合金管，通过 ANOVA 方法分析在挤压比 21.5 情况下工艺参数对挤压管的影响，得出最优工艺参数组合，利用此工艺可得到晶粒细化的高性能镁合金管。Hwang 等[44] 采用单圆柱挤压设备生产了中空螺旋镁合金管。但在挤压工艺条件下，镁合金会产生丝织构和基面织构，导致沿挤压方向和环向方向性能不同，这种各向异性降低管后续成形性能。随着微机械系统的发展，一些微管被要求使用。Furushima 等[45] 利用超塑性特征开发了一种无模拉拔新工艺生产镁合金微管，相比传统的拉拔工艺有很大优点，不需要工具如模具、顶头、芯轴等，具有高的灵活性。Faraji 等[46] 提出一种基于管等通道挤压（TCAP，Tube Channel Angular Pressing）的极度塑性成形技术（SPD，Severe Plastic Deformation Technique），这种成形方式可以获得细小的晶粒，提高镁合金塑性。Wang 等[47] 通过直接热挤压和多道次冷拔成功生产镁合金无缝微管。

哈尔滨工业大学的段祥瑞[48] 将低温、正向挤压新技术和拉拔工艺相结合开发出了一种镁合金薄壁细管，其尺寸精度和强韧性较高。研究表明：（1）模具和棒材温度均为200℃时进行预挤压，晶粒可明显细化；（2）管材挤压后晶粒进一步细化；（3）荒管加热至225℃进行保温45min，可实现14.52%的伸长率，抗拉和抗弯强度略降低。于宝义等[49] 开展了镁合金管挤压成形工艺，得到最优成形工艺参数。皇甫强等[50] 对 AZ31 镁合金管材冷变形能力进行了研究，采用冷轧方式对 ϕ13.5mm 热挤压管继续加工，生产小规格管材。于洋等[51] 探讨了镁合金细管在传力润滑介质作用下的静液挤压成形新工艺。

1.3.3 轧制

Zhang 等[52] 研究了用于生物可降解支架的 AZ31 镁合金冷轧性能，分析了在不同应变率和减壁量等工艺参数下冷轧过程镁合金力学性能及其孪生运动，结果表明孪生对镁合金管冷轧性能起着决定性作用。Steglich 等[53] 建立了在不同压缩载荷和准静态条件下轧制镁合金管的塑性机理模型。苟毓俊等[54] 开展了镁合金管材纵连轧工艺，在轧制温度为350℃，轧辊角速度约为3.14rad/s，壁厚压下量分别为20%、30%、40%的条件下对50mm×7mm×1000mm 的 AZ31B 镁合金管进行纵连轧热力耦合数值模拟，研究了损伤与温度场分布情况，得出最大损伤值产生机理并准确预报裂纹出现的位置。陈攀宇等[55] 采用阿塞尔轧机轧制镁合金管，对 AZ31 镁合金管轧制过程进行有限元模拟，得到合适的模具参数与轧制工艺参数。李强等[56] 采用三辊轧管机冷轧镁合金薄壁细管，经过 10 道次冷轧和中间道次退火，制备出外径 ϕ4.0mm、壁厚 0.54mm 的 AZ31 薄壁管，并分析了轧制时管材易出现开裂的原因。

1.4 镁合金微观组织和织构的国内外研究现状

1.4.1 组织晶粒细化

目前，对于商业化镁合金来讲，为了拓展其在工业领域广泛应用，国内外学者主要通过细化组织晶粒，改善析出相的大小、形态和分布使组织均匀来改善或提升镁合金塑性。镁合金晶粒细化方式主要有：(1) 化学法，即在熔炼过程中，通过添加细化剂或变质剂的方法使铸态镁合金晶粒细化；(2) 物理法，即在热加工过程中，通过热机械形变处理、外加场、快速冷却和振动等细化方法协同温度、应变、应变速率等的共同作用控制晶粒大小；(3) 动态再结晶。

Hirai 等[57] 通过添加 Ca 和 Sr 元素改善铸态 AZ91 镁合金的力学性能，为了得到细化的组织晶粒，需分别在镁合金中添加至少 1% Ca 和 0.5% Sr 元素，最终平均晶粒尺寸达到 19μm，室温下抗拉强度和伸长率可达 250MPa 和 3.5%，175℃高温抗力强度比原始铸态强很多。Jin 等[58] 研究了镁基合金中添加 C 元素的晶粒细化机制，认为 C 元素有分离的倾向，在凝固过程中严重影响连续冷却并阻碍晶粒长大。Easton 等[59] 通过在 Mg-Al 合金中添加 SiC 研究其晶粒细化机制，发现晶粒尺寸减少程度大的晶粒内含有较低的 Al 成分，添加 SiC 后组织内部出现了 Mg_2Si 相，认为 SiC 转变成了 Al_4C_3，是实际的形核过程，而 Mn 元素添加又阻碍 SiC 的晶粒细化效应，这是因为形成了较少的强 Al-Mn 碳化物。

Chen 等[60] 在 225~400℃温度下对镁合金进行大变形往复挤压，在三道次中通过计算施密特因子发现在 225~350℃变形时，激活大量锥面滑移系 {0211} <1110>，而 400℃变形时，激活大量基面滑移系 {0211} <0001>，此挤压方式可细化晶粒提高镁合金塑性。Valiev[61] 提出极度塑性变形技术 (SPD) 能够有效地改变镁合金材料的微观组织晶粒大小，是一种重要的提高材料韧性及强度的技术手段。镁合金在大变形过程中的塑性变形行为（滑移、孪生、再结晶等）与其微观组织结构密切相关，极度塑性变形技术是通过集中区域的剪切变形来破坏镁合金材料的初始微观组织结构，进而达到改善其塑性的目的。营口银河镁铝合金材料公司、福建华美技术公司、重庆奥博镁制品加工厂、山西闻喜银光镁业等已采用新型轧制细化技术生产出强塑性镁合金材料。

作为低层错能的镁合金更易发生动态再结晶，Ion 等[62] 认为其有三大原因：(1) 镁合金易启动的滑移系少，虽然高温下非基面滑移系可以启动，但启动的滑移系相当有限；(2) 镁合金层错能较低，扩展位错较宽，很难摆脱位错网，难与异号位错抵消，动态回复缓慢，在亚组织中形成较高的位错密度，剩余的能量促使动态再结晶发生；(3) 镁合金晶界扩散较快，吸收亚晶界上的堆积位错，从而加速动态再结晶形核。作为软化和细化晶粒机制，动态再结晶在镁合金塑性变形过程中发挥重要作用，对组织控制、变形能力和力学性能有重要的影响。因此，系统地研究镁合金动态再结晶机制，通过细化晶粒来调控组织和性能，对实际加工镁合金具有重要意义。

动态再结晶是一个释放储能的过程，当储能累积到一定值才能发生动态再结晶。储能又跟塑性变形密切相关，即滑移和孪生。已有大量研究者对不同变形条件下动态再结晶进行了研究，目前已有的动态再结晶机制可分为五大类[63~74]：低温动态再结晶（LTDRX，Low Temperature Dynamic Recrystallization）、孪晶动态再结晶（TDRX，Twin Dynamic Recrystallization）、非连续动态再结晶（DDRX，Discontinuous Dynamic Recrystallization）、连续动态再结晶（CDRX，Continuous Dynamic Recrystallization）、旋转动态再结晶（RDRX，Rotational Dynamic Recrystallization）。

Kaibyshev 等[75] 研究粗晶 Mg-5.8Zn-0.65Zr 合金在温度 150℃、应变速率 2.8×10^{-3} 下的组织演变时，发现存在明显的细化晶粒，尺寸由 85μm 减小到 0.8μm。这些晶粒处于非平衡状态，内部存在弹性扭曲形成很大的应力场。当弹性畸变引起局部应力大于非基面滑移的 CRSS 值时，位错重排，大角度再结晶晶粒形成。他们称此种动态再结晶为 LTDRX，一般在 200℃以下发生。

TDRX 形核机制一般在 200℃、应变 15%~30%范围内发生。Yin 等[76] 解释了 AZ31 镁合金孪生动态再结晶机制，如图 1-8 所示。

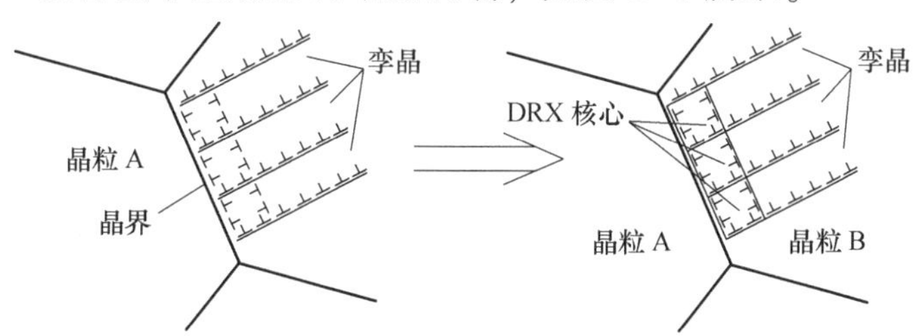

图 1-8 AZ31 镁合金孪晶动态再结晶微观模型[76]

DDRX 是晶粒形核和长大的过程。高温时，在位错密度较高的区域镁合金的原始晶界发生局部迁移，形成不规则的晶界。故在晶界处形成高的应变梯度，非基面滑移启动，突出的晶界在基面和非基面位错交割下形成亚晶。随着应变的增大，小角度的亚晶界逐渐转变成大角度晶界。

CDRX 一般发生在高层错能金属中。Galiyev 等[77] 研究发现，镁合金在热变形中同样存在 CDRX，在流动应力达到峰值之前，部分晶界弯曲并弓出产生新晶粒。随着变形程度增大，在大角度原始晶粒和孪晶界处出现链状细小的等轴晶。这是因为，变形初期在粗大晶粒内部形成亚晶，并在应力集中的晶界处形成小角度晶界，随着应变增大，亚晶继续吸收应变能量形成大角度晶界的再结晶晶粒。CDRX 分为三个阶段：在剪切变形区发生基面滑移，导致晶内位错塞积，位错间相互作用形成胞状亚结构；动态回复形成亚晶；亚晶界迁移和合并转化成大角度新晶粒。

Ion 等[62] 在研究 Mg-0. 8Al 合金热压缩变形时提出了 RDRX。在初始变形阶段产生一次拉伸孪晶，使晶粒转动形成硬取向，难以发生滑移。此时，晶粒间产生附加内应力导致晶界处局部扭曲产生点阵畸变，为动态再结晶提供形核点。随着应变继续增大，扭曲晶界附近通过回复形成亚晶，亚晶进一步迁移和合并围绕晶界形成再结晶晶粒。

大量研究表明，变形温度不同对应的 DRX 机制不同。低温（小于200℃）变形，镁合金发生 LTDRX 和 TDRX，与基面滑移、$c+a$ 位错和孪生相关；中温（200~250℃）变形，主要发生 CDRX，此时交滑移是镁合金的主要变形机制；高温（300~450℃）变形，镁合金发生 DDRX，受亚晶生长机制和位错攀移所控制的晶界弓出影响；RDRX 在各温度阶段均可发生。

1.4.2 镁合金织构

镁合金在热变形过程中由于晶粒转动和流动形成变形织构，退火过程中再结晶晶核的定向生长和选择性生长会产生再结晶织构[78~82]。织构的形成会造成明显的各向异性，通过调控镁合金织构的强度和类型可以改善其力学性能，提高塑性成形能力。同时，织构定量的分析可以反映其微观结构的演变规律，为镁合金塑性变形机制和动态再结晶形核机制提供理论支撑。不同的变形方式将产生不同的织构类型。

1.4.2.1 纤维织构

镁合金在挤压、拉拔和单向压缩过程中形成基面纤维织构，即出现基面与力作用方向呈特定的位向关系[83,84]。如挤压时，晶粒的基面 {0001} 和晶向$\langle 10\bar{1}0\rangle$平行于挤压方向（ED）；单向压缩时，晶粒基面垂直于压缩方向。挤压品不同的断面形状会导致不同的纤维织构生成，若挤压棒材时，呈轴对称应力应变状态，则形成的纤维织构的基面平行于挤压方向，但其晶粒取向自由度较大，可绕挤压方向转动360°；挤压板材时，应力应变呈不对称状态导致形成的织构基面平行于挤压板表面，减小了晶粒取向自由度。

1.4.2.2 板织构

镁合金板材在轧制（或挤压）后会形成板织构，Wagner 等[85] 和 Agnew 等[86] 发现轧制过程中存在（0001）$\langle 10\bar{1}0\rangle$强基面织构，此织构是由基面滑移（0001）和拉伸孪晶（$10\bar{1}2$）所致。此外，轧制工艺参数（如轧制温度、道次压下率、轧制压下量、板厚、辊径等）影响镁合金织构的强度。其中，温度影响滑移和孪生等协调变形机制从而影响织构的类型及强度，热轧 AZ31B 镁合金板材时，基面滑移是主要变形机制，出现基面的单峰织构特征，随温度升高非基面滑移增多使基面取向的晶粒减少，同时发生动态再结晶，生成的新晶粒取向更随机，最终导致织构强度减弱；冷轧时，基面滑移和拉伸孪生成为主要变形机制，晶体取向发生转动形成基面往轧制方向倾斜的强双峰织构特征[87]。

杨海波等[88] 在研究工艺参数对 AZ31 镁合金织构和室温成形性能影响时，发现道次压下率越大基面织构越强。道次压下率与变形速率和道次压下量有关，而变形速率不仅影响轧制过程中工件的温度变化，还影响其变形机制，最终导致织构的类型和强度不同。张真等[89] 研究了热轧过程中镁合金织构的演变，发现热轧时不同压下量得到不同的织构组分与强度。压下量较小时，主要变形机制为孪生，经过10%热轧出现拉伸孪晶使晶粒发生转动导致基面织构减弱；压下量超过20%后，主要变形机制为位错滑移，基面织构随着变形量增加而增强。

1.4.2.3 其他变形织构

研究者们通过等通道转角挤压（ECAP，Equal-Channel Angular Pressing）、T 型通道挤压（TCP，T-Channel Pressing）、极度塑性变形（SPD）加工变形镁合金，产生非基面织构[90]。镁合金通过 ECAP 变形后主要形成两种织构类型：晶粒基面平行于挤压方向；晶粒基面与挤压方向有一夹角。Kim 等[91] 对镁合金 ECAP 过程中织构演变进行了研究，表明：随着挤压道次的增加初始纤维织构减弱，同时产生新的织构组分并逐渐增强。2 道次后织构最大极密度从 7.0 降到 2.8；3、4 道次后织构组分发生变化；8 道次后织构组分变成（$10\bar{1}1$）［$0\bar{1}11$］和（$10\bar{1}2$）［$\bar{1}2\bar{1}0$］。康志新等[92] 研究了不同道次 TCP 工艺生产 Mg-1.5Mn-0.3Ce 合金过程的织构演变，1 道次变形后出现由 TD（Transverse Direction）向 ND（Normal Direction）倾斜约 35°位置的基面织构，4 道次变形后，变形织构强度显著弱化，极密度中心明显偏离基面织构极密度中心，产生非基面织构。总之，晶粒受到严重的剪切变形，产生的变形织构偏离挤压方向，不同于常见的基面织构。Del Valle 等[93] 研究了织构对轧制和 ECAP 转角挤压镁合金管的动态再结晶和成形机制的影响，得出轧制的镁合金试样比挤压的动态再结晶更强，且<0110>方向的织构通过加强滑移系刺激动态再结晶，从而利于组织的均匀性。

1.4.2.4　再结晶织构

镁合金在热变形过程中发生动态再结晶，在后续的退火中又发生静态再结晶，均导致织构组分发生变化形成再结晶织构，此织构是伴随再结晶过程形成的一种晶粒择优取向分布。相比立方系金属，镁合金再结晶织构方面的研究较少。镁合金本身的动态再结晶受多方面因素影响，其再结晶机制及其再结晶织构形成机理较复杂，到目前为止仍有一些理论尚无定论。

毛卫民等[94] 认为再结晶的定向形核及其核心的选择生长将导致再结晶织构的形成。定向形核理论认为一些特殊取向的点阵可作为再结晶晶核，但这些晶粒取向是次要的，甚至难以被发现，所以认为基体内的某些晶核的取向决定再结晶晶粒取向的特征。然而选择生长理论认为，形变基体内存在的晶核在进行退火后开始长大，其长大速率各异，某些取向晶粒的晶界发生迁移而快速长大，形成再结晶织构。

Yi 等[95] 研究了 AZ31 挤压棒在 400℃退火 1800s 后的织构，发现原始织构$\langle 10\bar{1}0\rangle$//ED 经过退火后转变为再结晶织构$\langle 11\bar{2}0\rangle$//ED，同时取向梯度为再结晶晶粒形核和长大提供动力。Perze-Prado 等[96] 研究了挤压态 AZ61

镁合金退火过程织构演变，发现温度不同各晶粒长大速度不同，随着温度升高晶粒选择生长使基面织构不断增强。同时，证实了毛卫民提出的两种再结晶织构形成机理。Chen 等[97] 也发现 AZ31 镁合金退火过程中基面织构增强，但退火没有改变镁合金织构组分。

参考文献

[1] 王维肖. AZ31B 镁合金筒形件多道次强旋织构演化及强化机理研究 [D]. 哈尔滨：哈尔滨工业大学，2021.

[2] 陈振华. 变形镁合金 [M]. 北京：化学工业出版社，2005.

[3] 车鑫. 基于旋转反挤压的 AZ80 镁合金组织演变研究 [D]. 太原：中北大学，2021.

[4] 丁文江，吴国华，李中权，等. 轻质高性能镁合金开发及其在航天航空领域的应用 [J]. 上海航天，2019，36 (2)：1-8.

[5] 吴国华，陈玉狮，丁文江. 镁合金在航空航天领域研究应用现状与展望 [J]. 载人航天，2016，22 (3)：281-292.

[6] Al-Amin M，Rani A M A，Aliyu A A A，et al. Powder mixed-EDM for potential biomedical applications：a critical review [J]. Materials and Manufacturing Processes，2020，35 (16)：1789-1811.

[7] Hou D W，Liu T M，Chen H C，et al. Analysis of the microstructure and deformation mechanisms by compression along normal direction in a rolled AZ31 magnesium alloy [J]. Materials Science and Engineering A-structural Materials Properties Microstructure and Processing，2016，660：102-107.

[8] Agnew S，Horton J，Yoo M. Transmission electron microscopy investigation of $\langle c+a \rangle$ dislocations in Mg and α-solid solution Mg-Li alloys [J]. Metallurgical and Materials Transactions A，2002，33：851-858.

[9] Yang H S，Zelin M G，Valiev R Z，et al. High temperature deformation of a magnesium alloy with controlled grain structures [J]. Materials Science and Engineering A-structural Materials Properties Microstructure and Processing，1992：158-167.

[10] Lou X Y，Li M，Boger R K，et al. Hardening evolution of AZ31B Mg sheet [J]. International Journal of Plasticity，2007，23：44-86.

[11] Schmid E. Beiträge zur physik und metallographie des magnesiums [J]. Berichte der Bunsengesellschaft für physikalische Chemie，1931，37 (8/9)：447-459.

[12] Staroselsky A，Anand L. A constitutive model for hcp materials deforming by slip and twinning：application to magnesium alloy AZ31B [J]. International Journal of Plasticity，2003，19 (10)：1843-1864.

[13] Agnew S R, Duygulu O. A mechanistic understanding of the formability of magnesium: examing the role of temperature on the deformation mechanisms [J]. Materials Science Forum, 2003, 419-422: 177-183.

[14] Siegert K, Jager S, Vulcan M. Pneumatic bulging of magnesium AZ31 sheet metals at elevated temperature [J]. CIRP Annals-Manufactureing Technology, 2003, 52: 241-244.

[15] Yoo M H. Slip, twinning, and fracture in hexagonal close-packed metals [J]. Metallurgical Transactions A, 1981, 12 (3): 409-418.

[16] 李章刚. 镁合金板材的室温塑性变形机制研究 [D]. 沈阳: 中国科学院金属研究所, 2007.

[17] Yoshinga H, Morozumi S. $\{11\bar{2}2\}$ $\langle 1\bar{1}23\rangle$ Slip system in magnesium [J]. Acta Metallurgica, 1973, 21 (7): 845-853.

[18] Partridge P G. The crystallography and deformation modes of hexagonal close-packed metals [J]. International Materials Reviews, 1967, 12: 169-194.

[19] Stohr J F, Poirier J P. Etude en microscopie electronique du glissement pyramidal {1122} <1123> dans le magnesium [J]. Philosophical Magazine, 1972, 25: 1313-1329.

[20] Barnett M R, Jacob S, Gerard B F, et al. Necking and failure at low strains in a coarse-grained wrought Mg alloy [J]. Scripta Materialia, 2008, 59: 1035-1038.

[21] Park S H, Hong S G, Lee C S. Role of initial {10~12} twin in the fatigue behavior of rolled Mg-3Al-1Zn alloy [J]. Scripta Materialia, 2010, 62: 666-669.

[22] Koike J, Fujiyama N, Ando D, et al. Roles of deformation twinning and dislocation slip in the fatigue failure mechanism of AZ31 Mg alloys [J]. Scripta Materialia, 2010, 63: 747-750.

[23] Yu Z, Choo H. Influence of twinning on the grain refinement during high-temperature deformation in a magnesium alloy [J]. Scripta Materialia, 2011, 64: 434-437.

[24] Christian J W, Mahajan S. Deformation twinning [J]. Progress in Materials Science, 1995, 39: 1-6.

[25] Valiev R Z. Ultrafine-grained materials prepared by severe plastic deformation [J]. Annales de Chimie-Science des Materiaux, 1996, 21: 369.

[26] Myshlyave M M, McQueen H J, Mwembela A, et al. Twinning, dynamic recoeery and recrystallization in hot worked Mg-Al-Zn alloy [J]. Materials Scienee and Engineering A, 2002, 337: 121-133.

[27] Nave M D, Barnett M R. Microstructures and textures of pure magnesium deformed in

plane-strain compression [J]. Scripta Materialia, 2004, 51: 881-885.

[28] Robert C S. Magnesium and its alloy [M]. New York: John Wiley and Sons, 1960: 81.

[29] Tan J C, Tan M J. Super plasticity and grain boundary sliding characteristics in two stage deformation of Mg-3Al-Zn alloy sheet [J]. Materials Science and Engineering A, 2003, 339: 81-89.

[30] Kulekci M K. Magnesium and its alloys applications in automotive industry [J]. International Journal of Advanced Manufacturing Technology, 2008, 39: 851-865.

[31] Cao Z, Wang F H, Wan Q, et al. Microstructure and mechanical properties of AZ80 magnesium alloy tube fabricated by hot flow forming [J]. Materials and Design, 2015, 67: 64-71.

[32] Biswas S, Suwas S, Sikand R, et al. Analysis of texture evolution in pure magnesium and the magnesium alloy AM30 during rod and tube extrusion [J]. Materials Science and Engineering A, 2011, 528: 3722-3729.

[33] Liu Y, Wu X. A microstructure study on an AZ31 magnesium alloy tube after hot metal gas forming process [J]. Journal of Materials Engineering and Performance, 2007, 16: 354-359.

[34] He Z B, Yuan S J, Liu G, et al. Formability testing of AZ31B magnesium alloy tube at elevated temperature [J]. Journal of Materials Processing Technology, 2010, 210: 877-884.

[35] Yuan R S, Wu Z L, Cai H M, et al. Effects of extrusion parameters on tensile properties of magnesium alloy tubes fabricated via hydrostatic extrusion integrated with circular ECAP [J]. Materials and Design, 2016, 101: 131-136.

[36] Luo A A, Sachdev A K. Mechanical properties and microstructure of AZ31 magnesium alloy tubes [J]. Essential Readings in Magnesium Technology, 2004: 381-387.

[37] Wu W Y, Zhang P, Zeng X Q, et al. Bendability of the wrought magnesium alloy AM30 tubes using a rotary draw bender [J]. Materials Science and Engineering, 2008, 486: 596-601.

[38] Hanada K, Matsuzaki K, Huang X S, et al. Fabrication of Mg alloy tubes for biodegradable stent application [J]. Materials Science and Engineering C, 2013, 33: 4746-4750.

[39] Fang G, Ai W J, Leeflang S, et al. Multipass cold drawing of magnesium alloy minitubes for biodegradable vascular stents [J]. Materials Science and Engineering C, 2013, 33: 3481-3488.

[40] 于振涛，杜明焕，皇甫强，等. 一种医用镁合金细径薄壁管材的温态拉拔加工方法：CN 101322985 [P]. 2008-12-17.

[41] 于宝义，吴永广，何淼，等. 一种用于超细薄壁可降解支架镁合金管的成型工艺：CN 101085377 [P]. 2007-12-12.

[42] 何淼. 镁合金拉拔工艺及组织性能的研究 [D]. 沈阳：沈阳工业大学，2008.

[43] Hsiang S H, Lin Y W. Inverstigation of the influence of process parameters on hot extrusion of magnesium alloy tubes [J]. Journal of Materials Processing Technology, 2007, 192-196: 292-299.

[44] Hwang Y M, Chang C N. Hot extrusion of hollow helical tubes of magnesium alloys [J]. Procedia Engineering, 2014, 81: 2249-2254.

[45] Furushima T, Manabe K. Experimental and numerical study on deformation behavior in dieless drawing process of superplastic microtubes [J]. Journal of Materials Processing Technology, 2007, 191: 59-63.

[46] Faraji G, Babaei A, Mashhadi M M, et al. Parallel tubular channel angular pressing (PTCAP) as a new severe plastic deformation method for cylindrical tubes [J]. Materials Letters, 2012, 77: 82-85.

[47] Wang L, Fang G, Qian L, et al. Forming of magnesium alloy microtubes in the fabrication of biodegradable stents [J]. Progress in Natural Science: Materials International, 2014, 24 (5): 500-506.

[48] 段祥瑞. AZ31 镁合金薄壁细管塑性加工工艺及组织性能研究 [D]. 哈尔滨：哈尔滨工业大学，2013.

[49] 于宝义，李阳，罗倩倩. 镁合金管材拉拔工艺与组织分析 [C] //中国机械工程学会 2013 中国铸造活动周论文集. 中国机械工程学会，2013：6.

[50] 皇甫强，于振涛，韩建业，等. 镁合金细径薄壁管材加工组织与性能研究 [J]. 稀有金属材料与工程，2014，43 (S1)：177-181.

[51] 于洋，张文丛，段祥瑞. AZ31 镁合金细管静液挤压工艺及组织性能分析 [J]. 粉末冶金技术，2013，31 (3)：201-206，211.

[52] Zhang Y W, Kent D, Wang G, et al. The cold-rolling behaviour of AZ31 tubes for fabrication of biodegradable stents [J]. Journal of the Mechanical Behavior of Biomedical Materials, 2014, 39: 292-303.

[53] Steglich D, Tian X, Bessonb J. Mechanism-based modelling of plastic deformation in magnesium alloys [J]. European Journal of Mechanics A, 2016, 55: 289-303.

[54] 苟毓俊，双远华，周研，等. AZ31B 镁合金管材纵连轧损伤与温度场探索性研究 [J]. 稀有金属材料与工程，2017，46 (11)：3326-3331.

[55] 陈攀宇，李彩霞，李立州，等. 基于Deform-3D的镁合金管轧制成形数值模拟与试验研究 [J]. 轻合金加工技术，2015，43 (7)：33-37.

[56] 李强，张超逸，花福安，等. 三辊轧制镁合金薄壁管成形工艺及微观组织 [J]. 沈阳工业大学学报，2013，35 (34)：407-413.

[57] Hirai K, Somekawa H, Takigawa Y, et al. Effects of Ca and Sr addition on mechanical properties of a cast AZ91 magnesium alloy at room and elevated temperature [J]. Materials Science and Engineering: A, 2005, 403 (1~2): 276-280.

[58] Jin Q, Eom J P, Lim S G, et al. Grain refining mechanism of a carbon addition method in a Mg-Al magnesium alloy [J]. Scripta Materialia, 2003, 49 (11): 1129-1132.

[59] Easton M A, Schiffl A, Yao J Y, et al. Grain refinement of Mg-Al (-Mn) alloys by SiC additions [J]. Scripta Materialia, 2006, 55 (4): 379-382.

[60] Chen Y, Wang Q, Lin J, et al. Grain refinement of magnesium alloys processed by severe plastic deformation [J]. Transactions of Nonferrous Metals Society of China, 2014, 24 (12): 3747-3754.

[61] Valiev R Z. Paradoxes of severe plastic deformation [J]. Advanced Engineering Materials, 2003, 5 (5): 296-300.

[62] Ion S E, Humphreys F J, White S H. Dynamic recrystallisation and the development of microstructure during the high temperature deformation of magnesium [J]. Acta Metallurgica, 1982, 30: 1909-1919.

[63] Kaibyshev R, Sokolov B, Galiyev A. The influence of crystallographic texture on dynamic recrystallization [J]. Textures and Microstructures, 1999, 32: 47-63.

[64] Galiyev A, Kaibyshev R, Gottstein G. Correlation of plastic deformation and dynamic recrystallization in magnesium alloy ZK60 [J]. Acta Metallurgica, 2001, 49: 1199-1207.

[65] Al-Samman T, Gottstein G. Dynamic recrystallization during high temperature deformation of magnesium [J]. Materials Science and Engineering A-Structural Materials Properties Microstructure and Processing, 2008, 490 (1/2): 411-420.

[66] Del Valle J A, Ruano O A. Influence of texture on dynamic recrystallization and deformation mechanisms in rolled or ECAPed AZ31 magnesium alloy [J]. Materials Science and Engineering A-Structural Materials Properties Microstructure and Processing, 2008, 487 (1/2): 473-480.

[67] Wang M, Xin R, Wang B, et al. Effect of initial texture on dynamic recrystallization of AZ31 Mg alloy during hot rolling [J]. Materials Science and Engineering A-Structural Materials Properties Microstructure and Processing, 2011, 528 (6): 2941-2951.

[68] Dudamell N V, Ulacia I, Galvez F, et al. Influence of texture on the recrystallization mechanisms in an AZ31 Mg sheet alloy at dynamic rates [J]. Materials Science and Engineering A-Structural Materials Properties Microstructure and Processing, 2012, 532: 528-535.

[69] Sitdikov O, Kaibyshev R. Dynamic recrystallization in pure magnesium [J]. Materials Transactions, 2001, 42 (9): 1928-1937.

[70] Zhang Y, Zeng X, Lu C, et al. Deformation behavior and dynamic recrystallization of a Mg-Zn-Y-Zr alloy [J]. Materials Science and Engineering A-Structural Materials Properties Microstructure and Processing, 2006, 428 (1/2): 91-97.

[71] Wu H Y, Yang J C, Liao J H, et al. Dynamic behavior of extruded AZ61 Mg alloy during hot compression [J]. Materials Science and Engineering A-Structural Materials Properties Microstructure and Processing, 2012, 535: 68-75.

[72] Tan J C, Tan M J. Dynamic continuous recrystallization characteristics in two stage deformation of Mg-3Al-1Zn alloy sheet [J]. Materials Science and Engineering A-Structural Materials Properties Microstructure and Processing, 2003, 339 (1/2): 124-132.

[73] Xu S W, Zheng M Y, Kamado S, et al. Dynamic microstructural changes during hot extrusion and mechanical properties of a Mg-5.0Zn-0.9Y-0.16Zr (wt.%) alloy [J]. Materials Science and Engineering A-Structural Materials Properties Microstructure and Processing, 2011, 528 (12): 4055-4067.

[74] Yang X Y, Ji Z S, Miura H, et al. Dynamic recrystallization and texture development during hot deformation of magnesium alloy AZ31 [J]. Transactions of Nonferrous Metals Society of China, 2009, 19 (1): 55-60.

[75] Kaibyshev R , Galiyev A. On The Possibility of Superplasticity Enhanced by Dynamic Recrystallization [C] //International conference on superplasticity in advanced materials, ICSAM-97.

[76] Yin D L, Zhang K F, Wang G F, et al. Warm deformation behavior of hot-rolled AZ31 Mg alloy [J]. Materials Science and Engineering A-Structural Materials Properties Microstructure and Processing, 2005, 392 (1/2): 320-325.

[77] Galiyev A, Sitdikov O, Kaibyshev R. Deformation behavior and controlling mechanisms for plastic flow of magnesium and magnesium alloy [J]. Materials Transactions, 2003, 44 (4): 426-435.

[78] Wang Y N, Huang J C. Texture analysis in hexagonal materials [J]. Materials Chemistry and Physics, 2003, 81 (1): 11-26.

[79] Yang P, Yu Y, Chen L, et al. Experimental determination and theoretical prediction of

twin orientations in magnesium alloy AZ31 [J]. Scripta Materialia, 2004, 50 (8): 1163-1168.

[80] Kalidindi S R. Incorporation of defromation twinning in crystal plasticity models [J]. Journal of Mechanics and Physics of Solids, 1998, 46 (2): 267.

[81] Hilpert M, Styczynski A, Kiese J. Magnesium alloys and their applicaiton [M]. Hamburg: Werkstoff-informations Gesellshaft, 1998.

[82] Mukai T, Watanabe H, Ishikawa K, et al. Guide for enhancement of room temperature ductility in Mg alloys at high strain rates [J]. Material Science Forum, 2003, 419-422: 171-176.

[83] Agnew S R, Brown D W, Tome C N. Validating a polycrystal model for the elastoplastic response of magnesium alloy AZ31 using in situ neutron diffraction [J]. Acta Materialia, 2006, 54 (18): 4841-4852.

[84] Agnew S R, Yoo M H, Tome C N. Application of texture simulation to understanding mechanical behavior of Mg and solid solution alloys containing Li or Y [J]. Acta Materialia, 2001, 49 (20): 4277-4289.

[85] Wagner L, Hilpert M, Wendt J. On methods for improving the fatigue performance of the wrought magnesium alloys AZ31 and AZ80 [J]. Material Science Forum, 2003, 419-422: 93-99.

[86] Agnew S R, Mehrotra P, Lillo T M, et al. Texture evolution of five wrought magnesium alloys during route A equal channel angular extrusion: experiments and simulations [J]. Acta Materialia, 2005, 53 (11): 3135-3146.

[87] Kim W J, Park J D, Wang Y N, et al. Realization of low-temperature superplasticity in sheets processed by differential speed rolling [J]. Scripta Materialia, 2007, 57 (8): 755-758.

[88] 杨海波，胡水平. 轧制参数对AZ31镁合金织构和室温成形性能的影响 [J]. 中国有色金属学报，2014，24 (8)：1953-1959.

[89] 张真，汪明朴，李树梅，等. 热轧过程中AZ31镁合金的组织及织构演变 [J]. 中国有色金属学报，2010，20 (8)：1447-1454.

[90] 崔崇亮，洪晓露，孙廷富，等. 镁合金变形织构的研究进展 [J]. 兵器材料科学与工程，2015，38 (4)：127-131.

[91] Kim W J, Hong S I, Kim Y S, et al. Texture development and its effect on mechanical properties of an AZ61 Mg alloy fabricated by equal channel angular pressing [J]. Acta Materialia, 2003, 51 (11): 3293-3307.

[92] 康志新，彭勇辉，孔晶，等. 等通道转角挤压变形Mg-1.5Mn-0.3Ce镁合金的组

织、织构与力学性能 [J]. 稀有金属材料与工程, 2012, 41 (2): 215-220.

[93] Del Valle J A, Ruano O A. Influence of texture on dynamic recrystallization and deformation mechanisms in rolled or ECAPed AZ31 magnesium alloy [J]. Materials Science and Engineering A-Structural Materials Properties Microstructure and Processing, 2008, 487 (1/2): 473-480.

[94] 毛卫民, 张新明. 晶体材料织构定量分析 [M]. 北京: 冶金工业出版社, 1995.

[95] Yi S, Brokmeier H G, Letzig D. Microstructural evolution during the annealing of an extruded AZ31 magnesium alloy [J]. Journal of Alloys and Compounds, 2010, 506 (1): 364-371.

[96] Perze-Prado M T, Del Valle J A, Contreras J M. Microstructure evolution during large strain hot rolling of an AM60 Mg alloy [J]. Scripta Materialia, 2004, 50 (5): 661-665.

[97] Chen X P, Shang D, Xiao R, et al. Influence of rolling ways on microstructure and anisotropy of AZ31 alloy sheet [J]. Transactions of Nonferrous Metals Society of China, 2010, 20: 589-593.

2 镁合金热变形行为及加工图

随着热轧镁合金过程数值模拟的发展进而对其工艺参数的设计需求，对镁合金热变形行为的研究变得越来越重要。镁合金在变形过程中，流动应力受变形温度、应变速率、应变、材料成分等影响，其自身的密排六方结构导致塑性变形能力差，对工艺参数较敏感，热加工过程中组织演变不易控制。为了研究镁合金斜轧穿孔新工艺，以获得高质量镁合金结构件，需确定合适的工艺参数范围，首先必须研究其在热成形过程中的热变形行为并构建更精确的本构模型关系。

本构模型是研究材料热加工过程中流动应力与变形参数之间的关系，呈现非线性关系。本书在后文中需要建立一些宏观及微观模型，探讨镁合金斜轧穿孔工艺如何能顺利进行，必须输入本材料更加准确的应力-应变本构关系，才能保证数值模拟的正确性，才能为后续实验开展提供精确的工艺参数及轧制制度。对于高层错能的金属，已有一些研究者采用温度补偿、应变速率补偿和应变补偿的方法构建了流变本构模型，而对于低层错能的镁合金，科研人员也构建了不同的模型[1~5]，但很少考虑大应变速率下温升对流动应力的影响。本书采用 Gleeble-1500 热模拟机，在不同温度（250~500℃）和不同应变速率（0.005~5s^{-1}）下对挤压态 AZ31 镁合金进行等温压缩试验，得到相应的应力-应变曲线。基于加工硬化与软化机制，分析温度和应变速率对流变曲线及峰值应力的影响，考虑变形中温升对流动应力的影响，在高应变速率下采用温度补偿修正流动应力。最后，运用双曲正弦模型构建不同流动应力范围的本构模型，并采用应变补偿修正，得到流动应力与温度、应变速率和应变的定量关系。

材料的性能主要依靠组织，而温度、应变速率、应变等参数在热加工过程中控制着组织。通过选择合适的工艺参数可以改善材料的加工性能。在最优的温度、应变速率下，镁合金的加工性能可以通过动态回复和动态再结晶提高。若在非最优条件下加工将严重降低加工性，严重的塑性失稳将导致绝热剪切带、空洞、楔形开裂等缺陷[6~8]。新工艺顺利开展的前提是设计合适的工艺参数，包括工艺本身特定的工艺参数和适合镁合金材料本身加工的工艺参数（温度和应变速率范围），为了提高镁合金轧制的成材率，首先需确定本身适合的加工范围，即温度区间和应变速率区间，需关注流动行为的相关组织并优化镁合金的工艺参数。近年来，加工图被广泛应用于铝合金[9,10]、钛合金[11,12] 和镁合金[13~15] 中来确定其加工工艺范围，即通过计算材料塑性加工过程中的能量耗散因子，构建材料能量耗散图，判定材料热加工失稳区，从而可判断合适的加工工艺参数范围。为了提高 AZ61 镁合金板料热冲压成形成材率，庞灵欢等[16] 通过热拉伸实验构建了其热加工图及本构方程，确定 AZ61 镁合金板料工艺范围：340~400℃、0.01s^{-1}。肖梅等[17] 对 AZ31 镁合金应变速率 0.001~1s^{-1} 下的热变形行为进行研究，构建了相应的加工图，得到最佳工艺参数范围：温度 200~250℃、应变速率在 0.1s^{-1} 左右，同时还得到超塑性加工范围：温度 350~400℃、应变速率 0.001~0.006s^{-1}。通过开发新的加工工艺提高镁合金性能，确保新工艺的可行性，研究镁合金可加工性和设计合适工艺参数至关重要。加工图可以预测加工性并反映不同应变速率和变形温度下 AZ31 镁合金微观组织演化。为了优化热成形的工艺参数，本章研究了挤压态镁合金关于应变、应变速率、温度的热成形行为。在温度 250~500℃、应变速率 0.005~0.05s^{-1} 范围内分别进行热压缩实验，对相应流动应力数据进行动态分析。同时，本章通过叠加能量耗散图和失稳图建立镁合金热加工图，通过热加工图分析得到可加工温度和应变速率范围，结合相应区域组织分析各区域的变形机理，得到适合的加工工艺范围。

此外，在本章热模拟机压缩的基础上，后续将深入分析工艺参数及工艺加工过程，结合材料宏观性能，需从微观角度研究其组织演变及微观结构，从宏观和微观角度调控管件质量及微观组织。本章实验也覆盖后续的微观实验过程。

2.1 等温热压缩实验

2.1.1 实验材料

选用山西某公司挤压态 AZ31 镁合金棒料 ϕ40mm×300mm，其化学成分见表 2-1。

表 2-1 AZ31 镁合金的化学成分（质量分数） （%）

Al	Zn	Mn	Fe	Si	Cu	Ni	Mg
3.21	0.99	0.34	0.0021	0.017	0.0021	0.00061	Bal

2.1.2 实验方案

将挤压棒在400℃温度下均匀化处理12h，很大程度上减少或是消除组织不均匀化，以及消除第二相。采用线切割取直径 ϕ8mm、高12mm小圆柱试样，并在打磨机上将其外圆及上下面打磨到要求的公差范围内（见图2-1（a））。采用Gleeble1500热模拟机进行等温压缩试验，温度从250℃到500℃（每隔50℃），应变速率为0.005s^{-1}、0.05s^{-1}、0.5s^{-1}、5s^{-1}。压缩之前用点焊机在试样的中间位置焊接两根k型热电偶丝，相比其他金属镁合金不太好焊且做实验容易掉，电压需调节到42V左右，两根热电偶丝的另一端连接在温控热电偶上以检测压缩试样温度的变化。为了减少试样与压头之间存在的摩擦力对实验造成的影响，压缩前需在试样的上下两个端面涂抹机油并粘上石墨片。具体热压缩工艺如图2-1（b）所示，以速率5℃/s升温，保温90s后连续压缩变形，实验最大变形量达到60%，变形后水淬，保留高温时试样的组织。

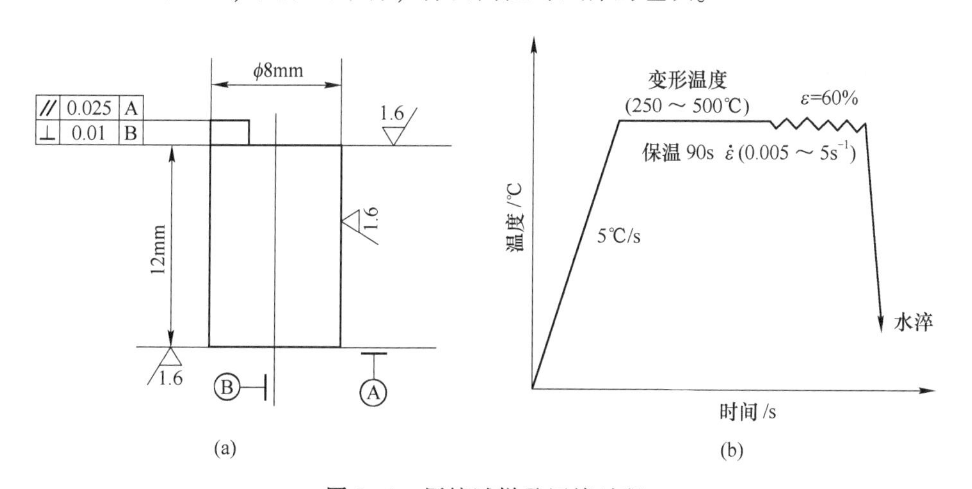

图2-1 压缩试样及压缩过程
（a）压缩试样加工公差；（b）压缩过程原理图

压缩后沿轴向取金相试样，采用SEM、EBSD测试手段进行分析。依次采用600~2000号水磨砂纸粗磨和细磨试样，使得表面平整，再进行机械抛光，然后采用苦味酸溶液（苦味酸 6g+乙醇 100mL+乙酸 5mL+蒸馏水 10mL）进行腐蚀，最后用乙醇冲洗干净，吹风机冷风吹干，在蔡司扫描电镜（SEM）上进行观察和分析。EBSD 样品高度不得超过 7mm，采用机械抛光和离子刻蚀设备（Leica RES101）制样。在牛津（OXFORD）NordlysNano 设备上进行 EBSD 测试，步长采用 1.5μm，最后采用后处理软件 Channnel 5 进行分析。

2.2 热变形行为

2.2.1 真应力-应变曲线分析

图 2-2 为挤压态镁合金在不同温度应变速率下的应力-应变曲线，由图可知，流变曲线均呈现相似的变化趋势：应变较小时镁合金开始发生加工硬

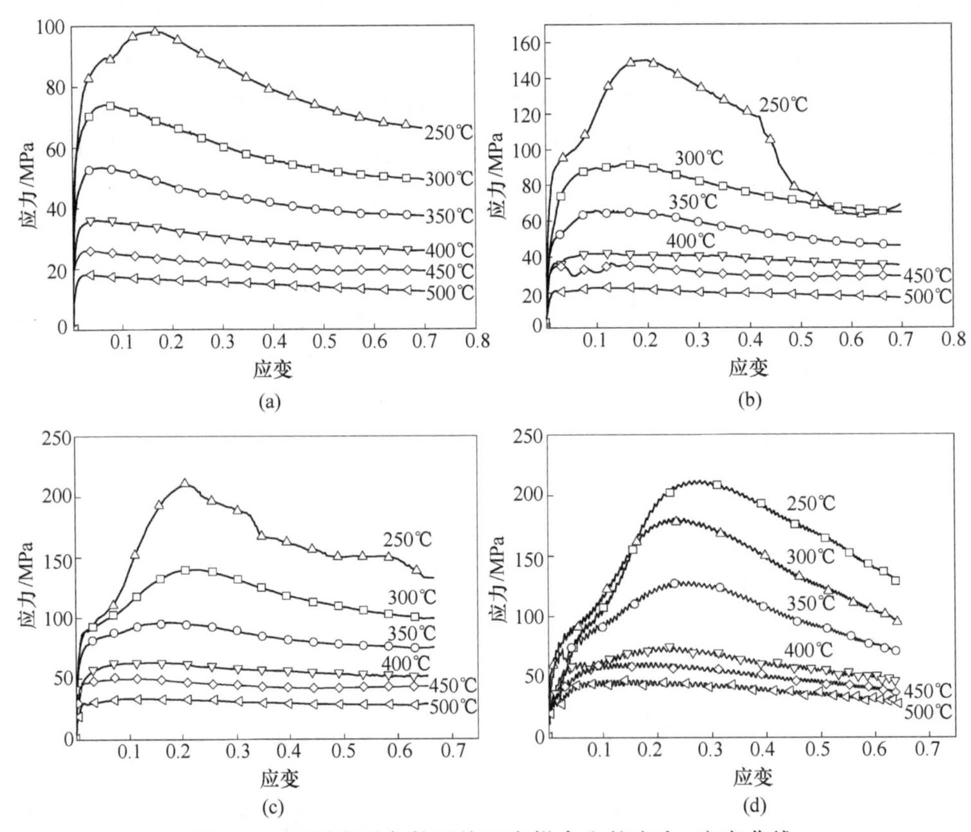

图 2-2 不同变形条件下挤压态镁合金的应力-应变曲线

(a) $\dot{\varepsilon}=0.005s^{-1}$；(b) $\dot{\varepsilon}=0.05s^{-1}$；(c) $\dot{\varepsilon}=0.5s^{-1}$；(d) $\dot{\varepsilon}=5s^{-1}$

化，随着应变不断增加，应力迅速增大，达到峰值后开始出现软化现象，应力随之降低到一定值后开始达到流变稳定状态，其实质是位错重组和抵消引起的软化与位错密度增大引起的加工硬化达到平衡状态。变形初期，位错萌生和增值为主要变形机制，而动态回复软化是通过位错的交滑移和攀移引起的，但是在低层错能的镁合金中较困难，所以导致初期应力极速上升。当位错密度累计达到一定值开始发生动态再结晶，其软化作用与变形引起的硬化相平衡，流变曲线呈稳定状态。从图中还可以看出，应力随着温度降低和应变速率的增加而增大。流变曲线对温度极为敏感，变形是热激活的过程，随着温度升高原子活动增强，其动能增加可降低晶体滑移剪切力，降低位错和滑移阻力，即降低变形抗力。

同时，当应变速率达到 $5s^{-1}$ 时流变曲线不是光滑的曲线，流动应力表现出锯齿状现象。这个锯齿现象由于两方面原因造成：一方面是由动态应变时效（DSA）导致，这跟 Cui 等[18] 发现的一致。此外，高应变速率下动态再结晶和加工硬化相互竞争激烈，导致软化与硬化交替进行，流动应力也可能出现锯齿形状。

镁合金峰值应力与应变速率和变形温度的关系如图 2-3 所示，从图中可知：变形温度一定时，镁合金高温变形过程中，峰值应力随应变速率的减小迅速降低，当 $\dot{\varepsilon}<0.05s^{-1}$ 以后，峰值应力的降低趋于平缓；应变速率一定时，温度越高峰值应力越小，当温度超过 400℃时趋于稳定。这是因为温度越高，位错重排的速率越快；应变速率越小，动态软化时间越长，位错抵消的程度就越高，材料就更易达到加工硬化与应力松弛软化的动态平衡状态[19]。

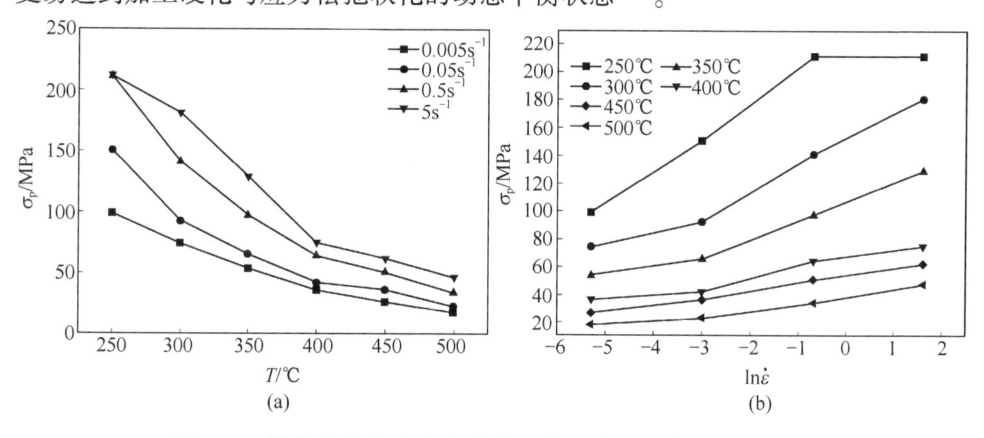

图 2-3 镁合金峰值应力与变形温度和应变速率的关系曲线

（a）σ_p-T；（b）$\sigma_p-\ln\dot{\varepsilon}$

2.2.2 流动应力下降率

本章引入一个流动应力下降率（DRFS，Decline ratio of flow stress）来衡量流动软化程度，用下面公式来表示：

$$\mathrm{DRFS} = \frac{\sigma_{\mathrm{peak}} - \sigma_{0.65}}{\sigma_{\mathrm{peak}}} \times 100\% \tag{2-1}$$

式中 σ_{peak}——峰值应力；

$\sigma_{0.65}$——末应变 0.65 对应的应力。

根据不同变形条件下的实验数据，图 2-4 显示了关于温度和应变速率函数的 DRFS 云图，即流动应力软化图，图中等高线上的数字代表温升值。通常情况下，随着应变速率的增加，DRFS 的数值增加，表明加工硬化的作用加强和动态软化降低。但是图中没有统一的变化趋势，可被划分为 5 个区域。

区域Ⅰ：此区域发生在温度 250～350℃、应变速率 0.005～0.1s^{-1} 范围内，在低 Z（Zener-Holloman）参数条件下，即低应变速率高温下，随着温度的降低和应变速率的增加，DRFS 沿着 45°方向递增。在应变速率 0.05s^{-1}，温度范围 250～275℃附近 DRFS 达到最大值 53%。

区域Ⅱ、Ⅲ、Ⅳ、Ⅴ：DRFS 的变化规律是以中心向外发散，随不同的温度应变速率发生变化。

流动软化除了与组织的动态再结晶机制有关，宏观方面主要与变形产生热导致温升，降低了流动应力有关。

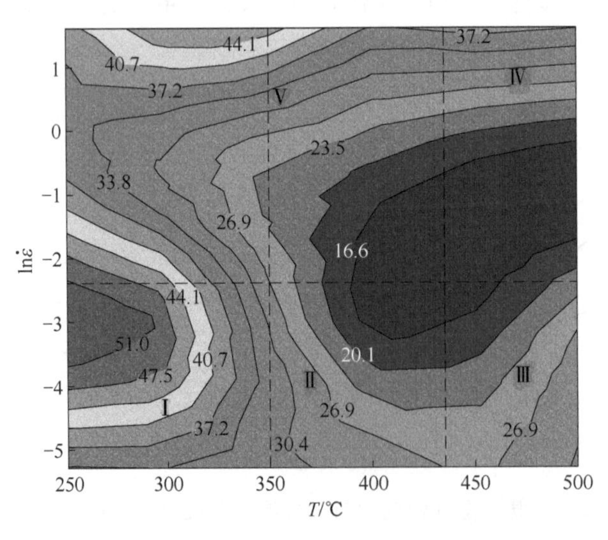

扫一扫
看彩图

图 2-4 关于温度和应变速率函数的流动应力软化图

2.2.3 温升及流动应力修正

2.2.3.1 温升

在热压缩过程中，发生变形热效应现象，即塑性功很大部分转化成热能使得工件温升。理论上等温压缩过程中，试样表面温度维持不变，但实际形变功转化的热量不能及时消失，使得试样内部各部分不同程度温升。在相同温度和应变下，镁合金变形热效应对流动应力的影响主要取决于等效应变速率。取末应变下的热压缩实验数据进行温升分析，成形诱导的温升可根据下面公式计算[20]：

$$\Delta T = \frac{0.95\eta}{\rho c_p}\int_0^{\varepsilon}\sigma \mathrm{d}\varepsilon \tag{2-2}$$

式中 ρ——镁合金密度；

c_p——镁合金比热容；

η——热效率，可以根据下面关系式计算：

$$\eta = (0.316)\lg\dot{\varepsilon} + 0.95 \tag{2-3}$$

根据公式可以计算出相应的温升。镁合金密度为 1.78g/cm^3。

图 2-5 显示末应变（0.65）下对应的不同温度应变速率的温升。曲线上数值代表温升值，其值随应变速率的增加和温度降低而增大。当应变速率大于 1s^{-1} 时，由于摩擦热和变形热，温升明显增大，最大可达到 50K，对实验

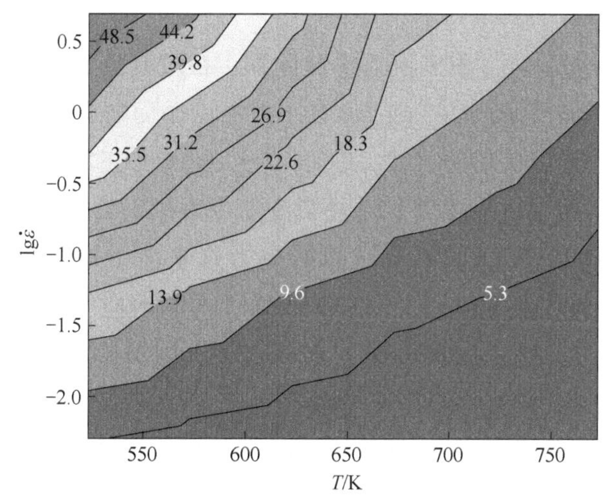

图 2-5 应变为 0.65 时，不同温度应变速率对应的温升值

结果影响很大；而应变速率在 0.5s^{-1} 以下时，温升相对较小，对实验结果影响很小；所以，为了得到更加准确的本构关系需要修正应变速率为 5s^{-1} 时相应的流动应力值。

2.2.3.2 流动应力修正

对应变速率 5s^{-1}、不同温度下的流动应力进行修正。

对于给定的应变和应变速率，目标温度 T_0 对应的未修正的流动应力与温升后的瞬时的应力相等，即

$$\sigma_1(T_0)\,|_{\varepsilon,\,\dot{\varepsilon}} = \sigma_2(T_i)\,|_{\varepsilon,\,\dot{\varepsilon}} \tag{2-4}$$

式中 σ_1——未校正的流动应力；

σ_2——瞬时流动应力；

T_0——目标试验温度；

T_i——瞬时温度；

ε——应变；

$\dot{\varepsilon}$——应变速率。

对于固定应变下，若温度与应力成线性关系时，利用泰勒公式展开可以表示修正应力值，计算公式：

$$\sigma_2(T_0)\,|_{\varepsilon,\,\dot{\varepsilon}} \approx \sigma_1(T_0)\,|_{\varepsilon,\,\dot{\varepsilon}} - \sigma'_2(T_0)\,|_{\varepsilon,\,\dot{\varepsilon}}\Delta T \tag{2-5}$$

式中 ΔT——温升；

σ'_2——温升后应力曲线斜率。

若呈非线性关系时，用多项式拟合计算，在应变速率 5s^{-1} 的情况下分别从应变 0.05~0.65 每隔 0.05 取点，共 13 个点，而本曲线的每个应变值对应的温度与应力值都呈非线性关系，取应变 0.65 修正相应的流动应力，如图 2-6 所示，从图中可以很明显地看到流动应力修正的过程。

同理，计算相应温度在不同应变的应力修正值，拟合得到应变速率为 5s^{-1} 时、不同温度下的修正应力-应变曲线，与原始应力值进行对比（见图 2-7）。由图 2-7 可知，在高应变速率低温下，温升对流动应力影响很大。在 250℃、5s^{-1} 时，温升导致的流动软化达到 51MPa。总之，修正后的流动应力仍然存在软化现象，这是由于挤压态镁合金在此温度下存在少量的动态再结晶。

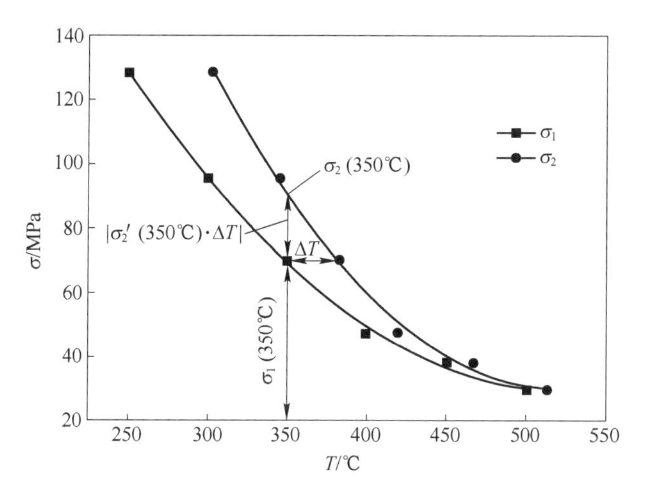

图 2-6 应变速率为 $5s^{-1}$、应变为 0.65 时，σ_2-T_i 和 σ_1-T_0 的关系

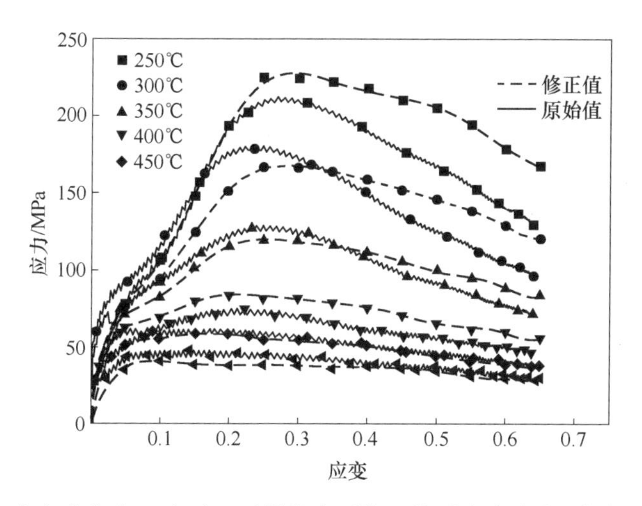

图 2-7 应变速率为 $5s^{-1}$ 时，不同温度下修正前后真实应力-应变对比曲线

2.3 挤压态镁合金本构模型

2.3.1 本构模型的基本形式

镁合金在塑性成形过程中本构关系是高度非线性的，没有通用的本构模型，从开始的 JC、ZA 模型到统一的本构模型，现在通常采用 Arrhenius 本构方程描述温度，应变速率等对流动应力的影响。研究表明：镁合金高温变形

与蠕变相似，是热激活过程，而在任意状态，流动应力是一个应变硬化和动态软化的相互作用达到平衡的过程。Sellars 和 Mctegart[21] 提出双曲正弦模型修正 Arrhenius 本构关系，即

$$\dot{\varepsilon} = AF(\sigma)\exp\left(-\frac{Q}{RT}\right) = A[\sinh(\alpha\sigma)]^n\exp\left(-\frac{Q}{RT}\right) \tag{2-6}$$

式中 $\dot{\varepsilon}$——应变速率，s^{-1}；

Q——变形激活能，J/mol，与材料本身有关；

σ——流动应力，MPa；

n——应力指数；

T——绝对温度，K；

R——摩尔气体常数，8.314J/(mol · K)；

A，α——与材料有关的常数。

2.3.2 本构模型建立

对于双曲正弦模型有：

$$\sinh(x) = \frac{e^x - e^{-x}}{2} \tag{2-7}$$

泰勒展开：

$$\sinh(x) = \frac{e^x - e^{-x}}{2} = x + \frac{x^3}{3!} + \frac{x^5}{5!} + \frac{x^7}{7!} + \cdots \tag{2-8}$$

利用式（2-7）和式（2-8）简化式（2-6）：

当 $\alpha\sigma<0.8$ 时，三次项以上可忽略，则 sinh（$\alpha\sigma$）$\approx\alpha\sigma$，其相对误差小于4%，则

$$\dot{\varepsilon} = A_1\sigma^n\exp(-Q/RT) \tag{2-9}$$

其中记：

$$A_1 = A\sigma^n \tag{2-10}$$

当 $\alpha\sigma>1.8$ 时，可忽略 e^{-x} 项，此时：sinh（$\alpha\sigma$）$\approx\frac{e^{\alpha\sigma}}{2}$，则

$$\dot{\varepsilon} = A_2\exp(\beta\sigma)\exp[-Q/(RT)] \tag{2-11}$$

其中记：

$$A_2 = A/2^{n_1} \tag{2-12}$$

$$\beta = n_1\alpha \tag{2-13}$$

当温度一定时，Q 为实常数，所以 exp（$-Q/RT$）是常数。

将式（2-9）两边取对数：

$$\ln\dot{\varepsilon} = \ln A_1 + n_1\ln\sigma \tag{2-14}$$

将式（2-11）两边取对数：

$$\ln\dot{\varepsilon} = \ln A_2 + \beta\sigma \tag{2-15}$$

采用峰值应力作为流动应力构建本构关系，温度一定时，Q、R、T 和 A 均为常数，从式（2-14）、式（2-15）可知 n_1、β 为直线 $\ln\dot{\varepsilon}-\ln\sigma_p$，$\ln\dot{\varepsilon}-\sigma_p$ 斜率值。表 2-2 是在 250~500℃范围内 $\ln\dot{\varepsilon}$、σ（用 σ_p 表示）与 $\dot{\varepsilon}$ 的关系。根据表 2-2 数据拟合曲线 $\ln\sigma_p-\ln\dot{\varepsilon}$，$\sigma_p-\ln\dot{\varepsilon}$，如图 2-8 和图 2-9 所示。

表 2-2 AZ31 镁合金峰值应力与应变

温度/K	应变速率 $\dot{\varepsilon}/s^{-1}$	σ_p/MPa	ε_p	$\ln\dot{\varepsilon}$	$\ln\sigma_p$/MPa
523	0.005	98.911	0.16418	-5.29832	4.59422
	0.05	150.56	0.20166	-2.99573	5.01436
	0.5	211.2	0.21014	-0.69315	5.35281
	5	211.91	0.26935	1.60944	5.35616
573	0.005	74.558	0.08243	-5.29832	4.31158
	0.05	92.274	0.17031	-2.99573	4.52476
	0.5	141.11	0.22273	-0.69315	4.94954
	5	180.83	0.23174	1.60944	5.19756
623	0.005	53.904	0.05263	-5.29832	3.9872
	0.05	65.69416	0.09914	-2.99573	4.18501
	0.5	97.117	0.15264	-0.69315	4.57592
	5	128.81	0.24895	1.60944	4.85834
673	0.005	36.436	0.03415	-5.29832	3.59556
	0.05	42.17	0.0852	-2.99573	3.74171
	0.5	64.35	0.14155	-0.69315	4.16434
	5	74.951	0.21198	1.60944	4.31683
723	0.005	26.43	0.02662	-5.29832	3.2745
	0.05	36.45	0.12788	-2.99573	3.59594
	0.5	50.926	0.11692	-0.69315	3.93037
	5	62.095	0.18004	1.60944	4.12867
773	0.005	18.265	0.02309	-5.29832	2.90499
	0.05	23.166	0.1290	-2.99573	3.14269
	0.5	34.167	0.11959	-0.69315	3.53126
	5	47.508	0.1566	1.60944	3.8609

取图 2-8 中 6 个温度下的拟合直线斜率的均值得到式（2-14）中 n_1 的值：$n_1=7.338$。

同理，取图 2-9 中 6 个温度下的拟合直线斜率均值可得式（2-15）中的 β 值，即 $\beta=0.1228\text{MPa}^{-1}$，而

$$\alpha = \beta/n_1 \tag{2-16}$$

所以，可得：$\alpha=0.0167\text{MPa}^{-1}$。

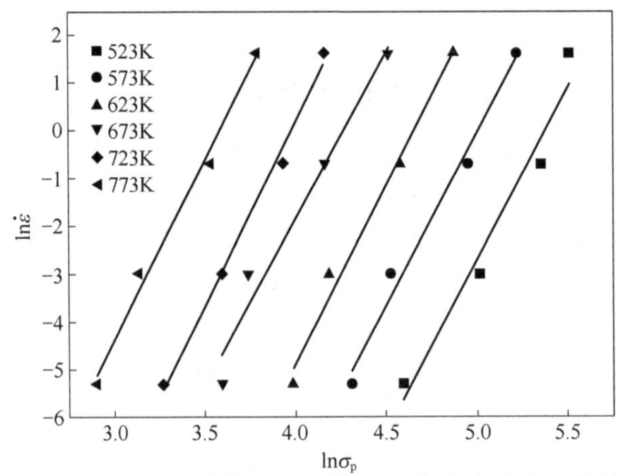

图 2-8　AZ31 镁合金峰值应力对数 $\ln\sigma_p$ 与应变速率对数的关系

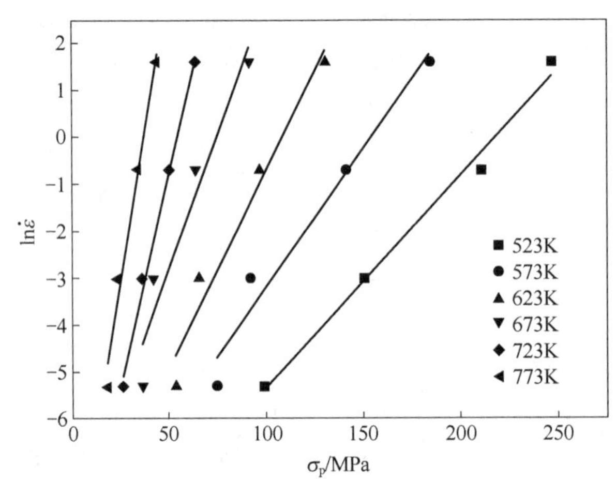

图 2-9　AZ31 镁合金应变速率对数与峰值应力的关系

应变速率一定时，激活能 Q 随温度的变化而变化，对于任意的 $\alpha\sigma$，式（2-6）中 R、α、n、A 为常数，为了确定其大小，同样对式（2-6）两边取对数得到：

$$\ln[\sinh(\alpha\sigma)] = \frac{\ln\dot{\varepsilon} - \ln A}{n} + \frac{Q}{nRT} \tag{2-17}$$

$$Q = Rn\frac{\mathrm{d}\{\ln[\sinh(\alpha\sigma)]\}}{\mathrm{d}(1/T)} \tag{2-18}$$

同理可知，n 是 $\ln[\sinh(\alpha\sigma_p)] - \ln\dot{\varepsilon}$ 斜率值的倒数，而 $Q/(Rn)$ 是 $\ln[\sinh(\alpha\sigma_p)] - 1/T$ 的斜率值。

根据实验数据计算式（2-17）中各参数，见表2-3。

表2-3　式（2-17）中各参数值

温度/K	应变速率 $\dot{\varepsilon}$/s^{-1}	$\alpha\sigma_p$/MPa	sinh（$\alpha\sigma_p$）	ln［sinh（$\alpha\sigma_p$）］	(1/T)/K^{-1}
523	0.005	1.65973	2.53384	0.92974	0.00333
	0.05	2.5264	6.2142	1.82684	0.00333
	0.5	3.54394	17.28697	2.84995	0.00333
	5	3.55585	17.4945	2.86189	0.00286
573	0.005	1.25108	1.60397	0.47248	0.00286
	0.05	1.54836	2.24557	0.80896	0.00286
	0.5	2.36783	5.29024	1.66586	0.00286
	5	3.03433	10.36944	2.33886	0.0025
623	0.005	0.90451	1.03299	0.03246	0.0025
	0.05	1.10235	1.33957	0.29235	0.0025
	0.5	1.62962	2.45297	0.8973	0.0025
	5	2.16143	4.2842	1.45493	0.00222
673	0.005	0.6114	0.6502	-0.43047	0.00222
	0.05	0.70761	0.76816	-0.26376	0.00222
	0.5	1.07979	1.3022	0.26406	0.00222
	5	1.25768	1.61647	0.48024	0.002
723	0.005	0.4435	0.45818	-0.7805	0.002
	0.05	0.61163	0.65049	-0.43004	0.002
	0.5	0.85454	0.9624	-0.03832	0.00222
	5	1.04195	1.24099	0.21591	0.00222
773	0.005	0.30649	0.31131	-1.16697	0.002
	0.05	0.38873	0.39859	-0.91982	0.002
	0.5	0.57332	0.60525	-0.50211	0.002
	5	0.79718	0.88434	-0.12291	0.002

图 2-10 中 6 个温度下直线斜率的倒数取其平均值得到 $n=4.889$，图 2-11 中 4 个应变速率下的直线斜率的平均值为 $Q/Rn=4704.528$，则变形激活能 $Q=191204.7\text{J/mol}$。

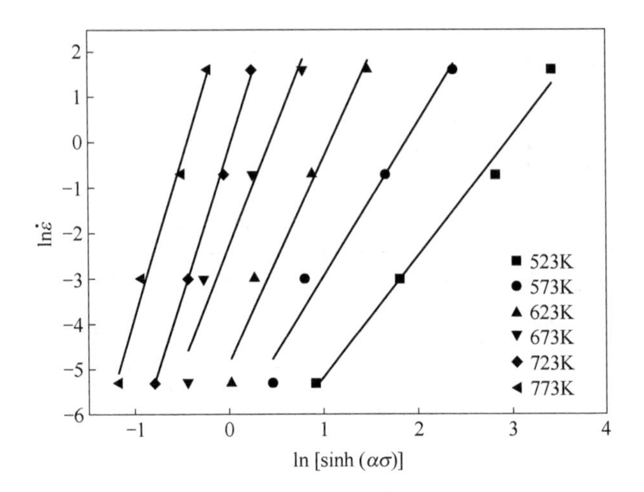

图 2-10 ln [$\sinh(\alpha\sigma)$] 与 $\ln\dot{\varepsilon}$ 的关系

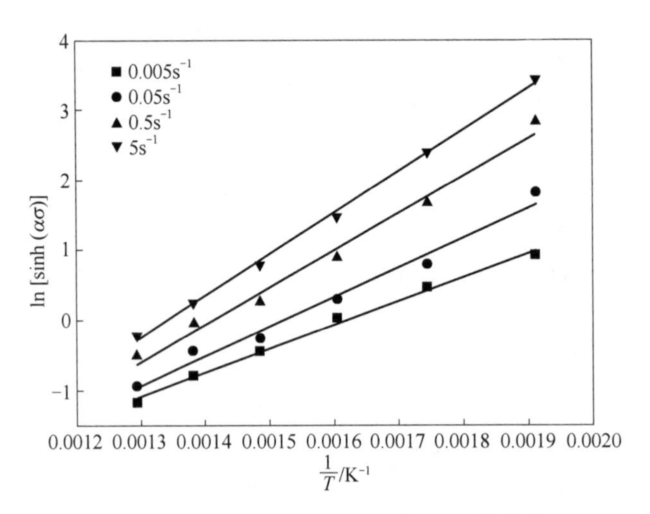

图 2-11 ln [$\sinh(\alpha\sigma)$] 与 $1/T$ 的关系

根据 Zener 和 Hollomon 的相关研究[22]，材料在高温塑性变形时，应变速率受热激活过程控制，用 Zener-Holloman 参数可表征变形温度和应变速率之间关系：

$$Z = \dot{\varepsilon}\exp\left(\frac{Q}{RT}\right) \tag{2-19}$$

而

$$Z = AF(\sigma) = A[\sinh(\alpha\sigma)]^n \tag{2-20}$$

由式（2-12）、式（2-14）、式（2-18）、式（2-19）可得：

$$\ln Z = \begin{cases} \ln A_1 + n_1 \ln \sigma_p \\ \ln A_2 + \beta \sigma_P \\ \ln A + n \ln[\sinh(\alpha\sigma_p)] \end{cases} \tag{2-21}$$

不同温度不同应变速率下，$\ln Z-\ln\sigma_p$、$\ln Z-\sigma_p$、$\ln Z-\ln[\sinh(\alpha\sigma_p)]$ 所对应的斜率与截距分别为 n_1、β、n 和 $\ln A_1$、$\ln A_2$、$\ln A$（见图 2-12）。

从图 2-12 得知：$\ln A_1 = 1.099$，$n_1 = 7.85$，$\ln A_2 = 26.797$，$\beta = 0.086\text{MPa}^{-1}$，$\ln A = 31.7$，$n = 4.585$，$\alpha = \beta/n_1 = 0.01$，与恒定温度下所得参数比较吻合。将上述得到相关系数代入相应公式，得到挤压态镁合金在温度范围 523~773K，应变速率范围 $0.005\sim5\text{s}^{-1}$ 内流动应力、应变速率和温度间本构关系式。

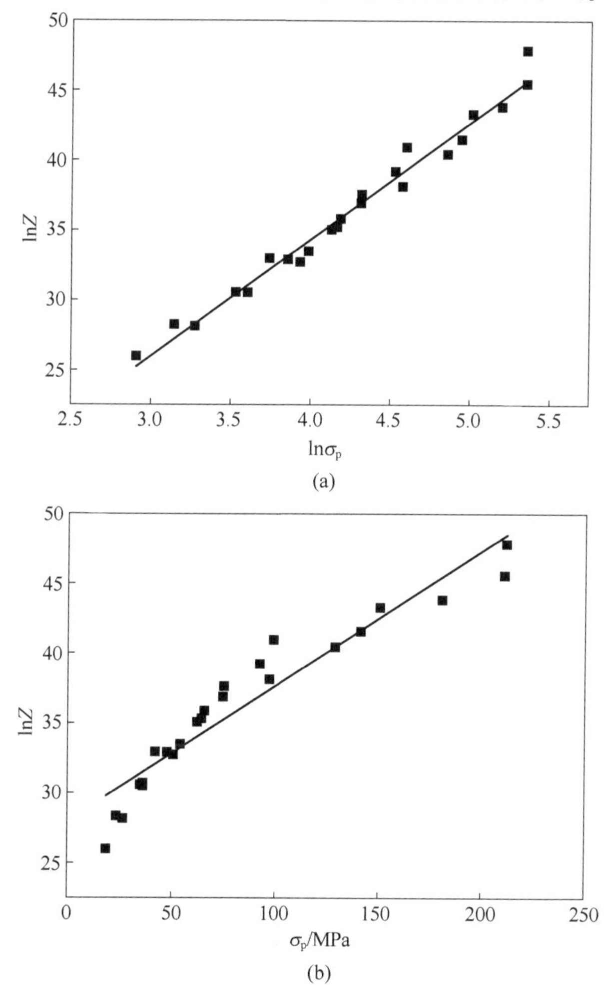

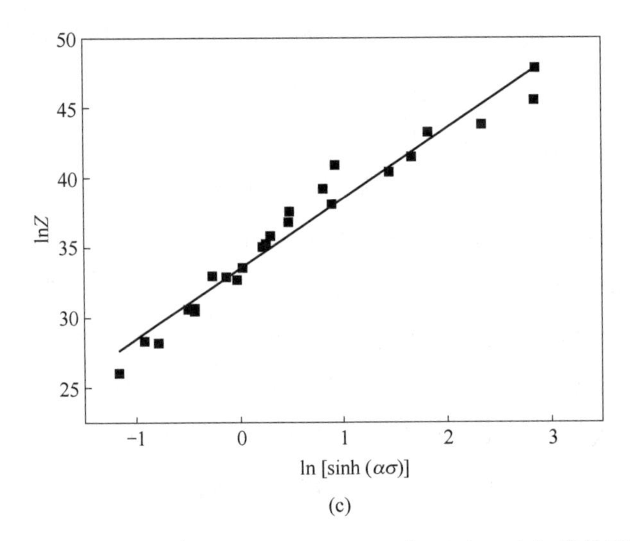

(c)

图 2-12 lnZ 与 $\ln\sigma_p$、σ_p、lnZ-ln [sinh($\alpha\sigma_p$)] 的关系

(a) lnZ-$\ln\sigma_p$；(b) lnZ-σ_p；(c) lnZ-ln [sinh($\alpha\sigma_p$)]

当 $\alpha\sigma$<0.8 时：

$$\dot{\varepsilon} = A_1\sigma^n\exp(-Q/RT) = 3.0012\sigma^{4.585}\exp\left(-\frac{191204.7}{RT}\right) \tag{2-22}$$

当 $\alpha\sigma$>1.8 时：

$$\dot{\varepsilon} = A_2\exp(\beta\sigma - Q/RT) = 4.343\times 10^{11}\exp\left(0.086\sigma - \frac{191204.7}{RT}\right) \tag{2-23}$$

当 $\alpha\sigma$ 取任意值时：

$$\dot{\varepsilon} = 5.85\times 10^{13}[\sinh(0.01\sigma)]^{4.585}\exp\left(-\frac{191204.7}{RT}\right) \tag{2-24}$$

最后用 Zener-Hollomon 参数描述挤压态 AZ31 镁合金高温变形流动应力本构模型：

$$Z = \dot{\varepsilon}\exp\left(\frac{191204.7}{RT}\right) = 1.12\times 10^{14}[\sinh(0.01\sigma)]^{4.652} \tag{2-25}$$

2.3.3 应变补偿修正模型

上述本构模型建立没有考虑应变对流动应力的影响，分析其计算过程的拟合图发现应变对材料参数 α、Q、ln$A$ 及 n 等产生明显影响，为了更加准确预测其流动应力变化规律及高温变形行为，需考虑应变对材料参数的影响。

依据反正弦函数得到：

$$\operatorname{arcsinh}(\alpha\sigma) = \ln\{\alpha\sigma + [(\alpha\sigma)^2 + 1]^{1/2}\} \tag{2-26}$$

用 Zener-Hollomon 函数表述流动应力：

$$\sigma = \frac{1}{\alpha}\ln\left\{\left(\frac{Z}{A}\right)^{1/n} + \left[\left(\frac{Z}{A}\right)^{2/n} + 1\right]^{1/2}\right\} \tag{2-27}$$

假定应变与各材料常数可以用多项式表达，从应变 0.05～0.65 以增量 0.05 取应变值计算各材料参数，研究发现采用 5 次多项式拟合应变与各参数之间函数关系，相关系数达 0.98，拟合效果好。五次关系式显示如下：

$$\begin{cases} \alpha = C_0 + C_1\varepsilon + C_2\varepsilon^2 + C_3\varepsilon^3 + C_4\varepsilon^4 + C_5\varepsilon^5 \\ \beta = D_0 + D_1\varepsilon + D_2\varepsilon^2 + D_3\varepsilon^3 + D_4\varepsilon^4 + D_5\varepsilon^5 \\ n = E_0 + E_1\varepsilon + E_2\varepsilon^2 + E_3\varepsilon^3 + E_4\varepsilon^4 + E_5\varepsilon^5 \\ Q = F_0 + F_1\varepsilon + F_2\varepsilon^2 + F_3\varepsilon^3 + F_4\varepsilon^4 + F_5\varepsilon^5 \\ \ln A = G_0 + G_1\varepsilon + G_2\varepsilon^2 + G_3\varepsilon^3 + G_4\varepsilon^4 + G_5\varepsilon^5 \end{cases} \tag{2-28}$$

按上述本构方程计算各参数，图 2-13 显示了材料各参数与应变关系图。

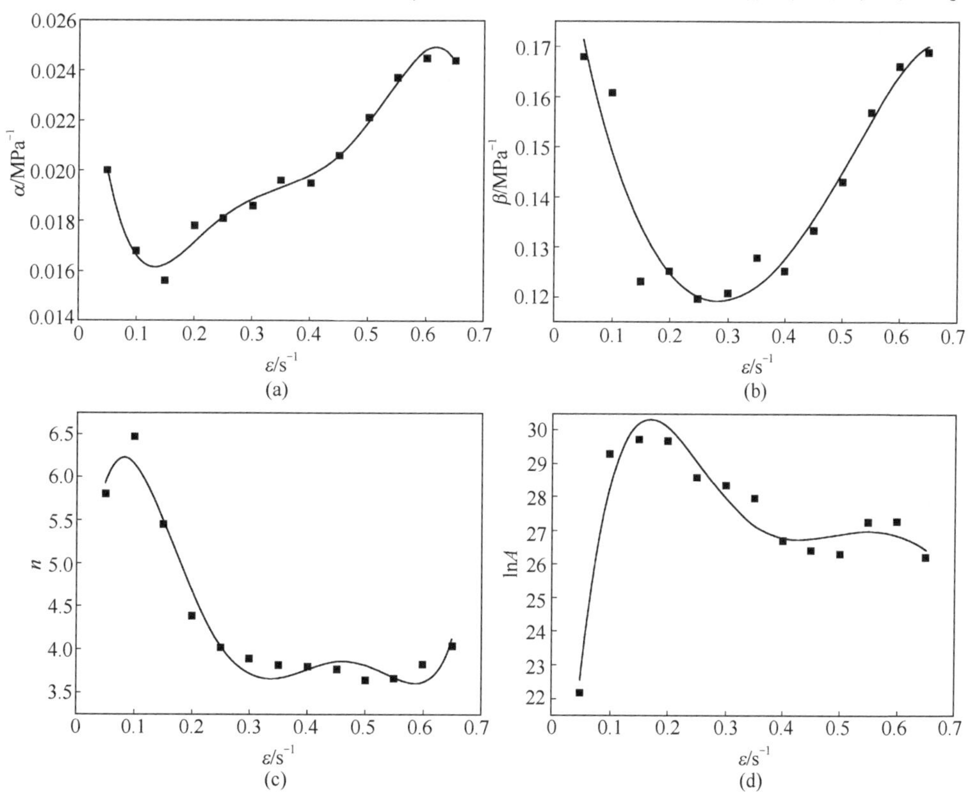

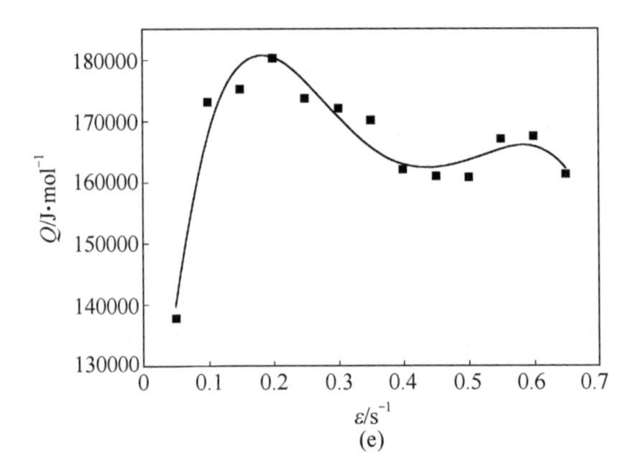

图 2-13 镁合金材料各参数与应变的关系曲线

(a) $\alpha-\varepsilon$; (b) $\beta-\varepsilon$; (c) $n-\varepsilon$; (d) $\ln A-\varepsilon$; (e) $Q-\varepsilon$

通过多项式拟合出镁合金材料各参数与应变的关系式：

$$\begin{cases}\alpha = 0.02947 - 0.27472\varepsilon + 2.01139\varepsilon^2 - 6.4171\varepsilon^3 + 9.4726\varepsilon^4 - 5.21454\varepsilon^5 \\ \beta = 0.2034 - 0.75228\varepsilon + 2.48478\varepsilon^2 - 4.48767\varepsilon^3 + 5.94762\varepsilon^4 - 3.64987\varepsilon^5 \\ n = 3.73325 + 72.58657\varepsilon - 687.93489\varepsilon^2 + 2376.04007\varepsilon^3 - 3547.44705\varepsilon^4 + 1935.58431\varepsilon^5 \\ Q = 87029.69715 + 1.35925^6\varepsilon - 6.82086^6\varepsilon^2 + 1.40863^7\varepsilon^3 - 1.2137^7\varepsilon^4 + 3.20355^6\varepsilon^5 \\ \ln A = 10.66776 + 317.96247\varepsilon - 1823.72095\varepsilon^2 + 4538.30938\varepsilon^3 - 5168.23089\varepsilon^4 + 2205.04103\varepsilon^5\end{cases} \tag{2-29}$$

将各应变得到的材料参数代入公式（2-27）得到镁合金材料压缩过程不同应变下流动应力值。

2.3.4 本构模型验证

对上述流动应力模型进行验证，依据公式（2-30），选取 300 组不同应变、温度、应变速率计算相应流动应力，与实验值进行对比，应用相关性和平均相对误差验证模型精确度。相关性用来分析计算值与实验值线性关系的程度。本构模型预测的流动应力值与实验值相关性如图 2-14 所示，其相关系数达到 0.984，相关性较好，但不能反映预测模型数据是偏高还是偏低，需引入平均相对误差 δ 才能判断本构模型的精度[23]。

$$\delta = \frac{1}{N}\sum_{i=1}^{N}\left|\frac{E_i - P_i}{E_i}\right| \tag{2-30}$$

式中 E_i——流动应力实验值；

P_i——本构模型计算预测值；

N——所取试验数据点个数（本实验取300）。

计算得到平均相对误差为3.87%，表明本章构建的本构模型具有较高精度，完全可以运用到热加工中计算流动应力。

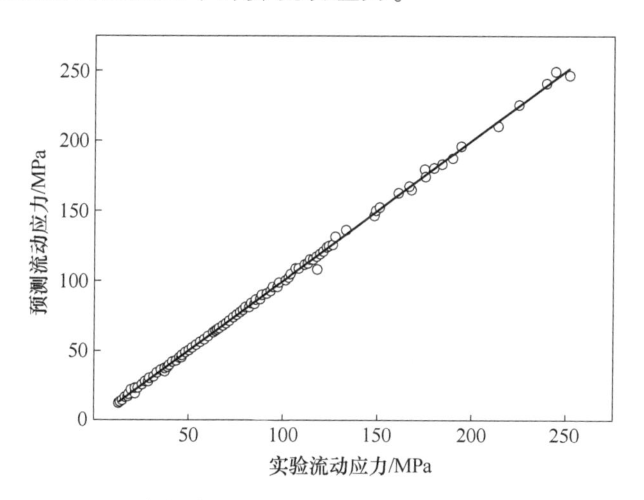

图2-14 本构模型预测的流动应力值与实验值相关性

2.4 热加工图理论基础

2.4.1 能量耗散图构建原理

加工过程中材料服从幂律方程：

$$\sigma = K\dot{\varepsilon}^{m} \tag{2-31}$$

根据动态材料模型，材料在塑性变形过程中单位体积内吸收的能量主要由耗散量和耗散协变量两部分组成[24,25]：

$$P = \sigma \cdot \dot{\varepsilon} = G + J = \int_0^{\dot{\varepsilon}} \sigma \mathrm{d}\dot{\varepsilon} + \int_0^{\sigma} \dot{\varepsilon} \mathrm{d}\sigma \tag{2-32}$$

式中 P——总功率；

G——耗散量；

J——耗散协变量。

其中，G是镁合金塑性变形消耗的能量；J是镁合金变形过程中微观组织演化消耗的能量，通过引入应变速率敏感指数m分配二者比例，即

$$m = \frac{\partial J}{\partial G} = \frac{\dot{\varepsilon}\partial\sigma}{\sigma\partial\dot{\varepsilon}} = \frac{\partial(\ln\sigma)}{\partial(\ln\dot{\varepsilon})_{\varepsilon,\ T}} = \frac{\partial(\lg\sigma)}{\partial(\lg\dot{\varepsilon})_{\varepsilon,\ T}} \tag{2-33}$$

在给定应变和变形温度下，耗散协变量 J 定义为[26]：

$$J = \int_0^{\sigma}\dot{\varepsilon}\mathrm{d}\sigma = \frac{K(\sigma/K)^{\frac{1}{m+1}+1}}{\frac{1}{m}+1} = \frac{m}{m+1}\sigma\dot{\varepsilon} \tag{2-34}$$

只有当 m 为常数时，式（2-34）才有效。对于稳态流动应力，当 $0<m<1$ 时，镁合金处于非线性耗散状态，m 值随温度和应变速率呈非线性变化；$m=1$ 时，镁合金材料处于理想线性耗散状态，J 达到最大值 J_{max}[27,28]：

$$J_{max} = \frac{\sigma\dot{\varepsilon}}{2} \tag{2-35}$$

由式（2-34）与式（2-35）得到一无量纲参数值 η，称之为能量耗散率因子，得其值：

$$\eta = \frac{J}{J_{max}} = \frac{2m}{m+1} \tag{2-36}$$

η 是一个百分比，表示镁合金在塑性变形过程中由于显微组织的演变而耗损的能量耗散率。通过 η 随温度与应变速率的变化规律可确定能量耗散率图。镁合金在热加工塑性变形过程中存在损伤（如孔洞和开裂等）或是冶金变化（如动态回复、动态再结晶等）都会耗散能量，需借助功率耗散图与金相组织观察共同分析不同区域的变形机理。一般情况下，η 越大对应的镁合金材料的加工性能就越好，但是在变形失稳区，镁合金的耗散功率 η 也很大。因为镁合金的高温主要变形机制是动态再结晶，随着变形位错密度增加应力集中使动态再结晶容易开启。不同的变形机制对应的能量耗散率因子 η 不同，镁合金高温变形的动态回复和动态再结晶变形机制会使其能量耗散率因子增加，功率耗散随之增加，所以，镁合金的加工性能好坏不仅与功率耗散量有关还与变形失稳区有关，故需判定其变形失稳区。

2.4.2 变形失稳区的判别准则

对于动态材料模型，根据不可逆热力学极值原理，各国的研究者们提出了不同的判别原则。Gegel 等人根据 Liapunov 稳定性准则推导出塑性失稳判别准则，是建立在应变速率敏感因子 m 与应变率 $\dot{\varepsilon}$ 无关的基础上，只适用于式（2-31）本构关系，有一定的局限性。Prasad 等根据 Ziegler 提出的最大熵产生率原理，在大应变塑性流变中应用不可逆热动力学的极大值原理，建立加工失稳判别准则。该变形失稳准则应用最广，但目前只在压缩试验中得到验证。根据式（2-31）可推导出 Ziegler 判别依据，当流动应力满足此式的关系才成立。此判别准则不适合复杂应力-应变曲线。Murthy 等考虑 m 不是常数时，提出 σ-$\dot{\varepsilon}$ 流变失稳准则，此准则基于大变形塑性变形连续介质理论，适用于任意流动应力-应变速率曲线。该判别准则简捷方便严谨。

2.4.2.1 Prasad 判别准则

$$\frac{\mathrm{d}D}{\mathrm{d}\dot{\varepsilon}} < \frac{D}{\dot{\varepsilon}} \tag{2-37}$$

式中 D——给定温度下的耗散函数。

按照 DMM 原理，式中的 $D=J$，即

$$\frac{\partial J}{\partial \dot{\varepsilon}} < \frac{J}{\dot{\varepsilon}} \Rightarrow \frac{\partial \ln J}{\partial \ln \dot{\varepsilon}} < 1 \tag{2-38}$$

对式（2-34）两边取对数得：

$$\ln J = \ln\left(\frac{m}{m+1}\right) + \ln\sigma + \ln\dot{\varepsilon} \tag{2-39}$$

式（2-39）两边对 $\ln\dot{\varepsilon}$ 求导得：

$$\frac{\partial \ln J}{\partial \ln \dot{\varepsilon}} = \frac{\partial \ln\left(\frac{m}{m+1}\right)}{\partial \ln \dot{\varepsilon}} + \frac{\partial \ln\sigma}{\partial \ln \dot{\varepsilon}} + 1 \tag{2-40}$$

由式（2-30）、式（2-38）、式（2-40）得出流变失稳判别依据为：

$$\xi(\dot{\varepsilon}) = \frac{\partial \ln\left(\frac{m}{m+1}\right)}{\partial \ln \dot{\varepsilon}} + m < 0 \tag{2-41}$$

$\xi(\dot{\varepsilon})$ 是应变速率和变形温度的函数，该值在能量耗散图中为负的区域，为流变失稳区。式（2-41）的流变失稳判别准则中，如果施加在系统上的应变速率小于产生熵的速率，系统发生局部流变或形成流变失稳。

2.4.2.2 Murthy 判别

将组织演变的 J 表示为：

$$J = \int_0^\sigma \dot{\varepsilon}\,\mathrm{d}\sigma \Rightarrow \frac{\partial J}{\partial \dot{\varepsilon}} = \frac{\partial \sigma}{\partial \dot{\varepsilon}}\dot{\varepsilon} = \sigma\frac{\partial \ln\sigma}{\partial \ln \dot{\varepsilon}} = m\sigma \tag{2-42}$$

耗散效率因子表示为：

$$\eta = \frac{J}{J_{\max}} = \frac{J}{\frac{\sigma\dot{\varepsilon}}{2}} \Rightarrow \frac{J}{\dot{\varepsilon}} = \frac{1}{2}\eta\sigma \tag{2-43}$$

根据 $\frac{\partial J}{\partial \dot{\varepsilon}} < \frac{J}{\dot{\varepsilon}}$，由式（2-42）、式（2-43）得到塑性流变失稳判别准则：

$$2m < \eta \tag{2-44}$$

2.5 热加工图构建

2.5.1 功率耗散效率求解

根据热模拟实验数据，考虑温升修正 $5s^{-1}$ 应力曲线基础上，用三次样条曲线拟合 $\ln\sigma - \ln\dot{\varepsilon}$ 曲线，相应的数学表达式为：

$$\ln\sigma = a + b\ln\dot{\varepsilon} + c(\ln\dot{\varepsilon})^2 + d(\ln\dot{\varepsilon})^3 \tag{2-45}$$

上式两边分别对 $\ln\dot{\varepsilon}$ 进行求导得到应变速率敏感指数 m：

$$m = \frac{\mathrm{d}\ln\sigma}{\mathrm{d}\ln\dot{\varepsilon}} = b + 2c\ln\dot{\varepsilon} + 3d(\ln\dot{\varepsilon})^2 \tag{2-46}$$

采用三次多项式分别拟合应变 0.1、0.3、0.5、0.7 的 $\ln\sigma - \ln\dot{\varepsilon}$ 曲线（见图 2-15），得到相应系数 a、b、c、d 的数值，通过式（2-36）、式（2-46）得出 m、η 的值。

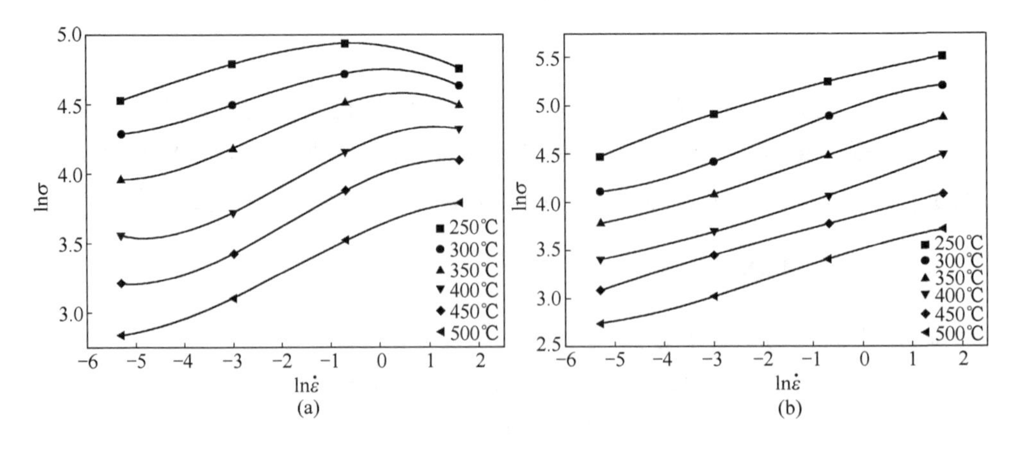

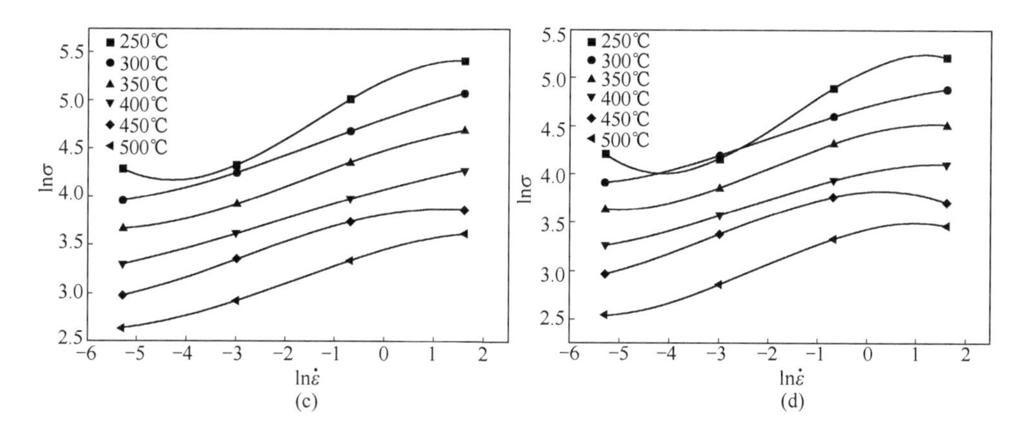

图 2-15 不同应变下 lnσ 和 ln$\dot{\varepsilon}$ 的关系

(a) 应变 0.1；(b) 应变 0.3；(c) 应变 0.5；(d) 应变 0.65

m 值受温度和应变速率的影响，以 ln$\dot{\varepsilon}$ 和 T 为坐标做 m 的三维图进行分析，如图 2-16 所示。在不同变形条件下 m 值不规律的变化，这是由非基面滑移控制的。另外，在 3D 图中观察到有些 m 值出现了负值，这是由于出现了诸如变形孪晶、动态应变时效或者是微裂纹形成和增长。

在不同变形条件，能量耗散效率也受应变的影响，如图 2-17 所示。在应变小于 0.2 时，不同应变速率下的能量耗散效率 η 变化不规律。在应变 0.2～0.6 之间，应变速率 $0.005s^{-1}$、$0.05s^{-1}$、$0.5s^{-1}$、$5s^{-1}$ 变形条件下，能量耗散效率基本在 10%范围内波动，温度 250℃的例外。在 $0.005s^{-1}$，能量耗散效率偏低，处于 15%左右，随着应变速率增大，η 增大，在 $0.05s^{-1}$、

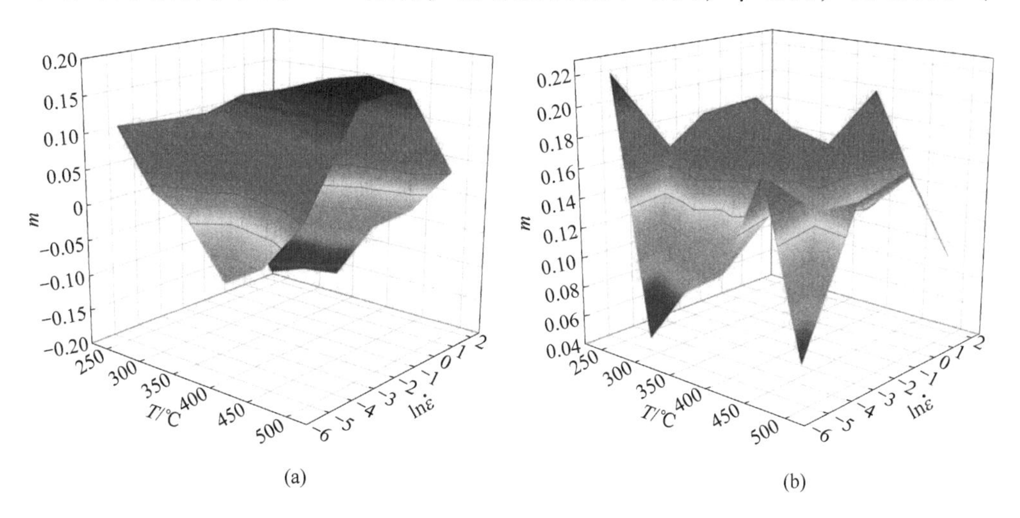

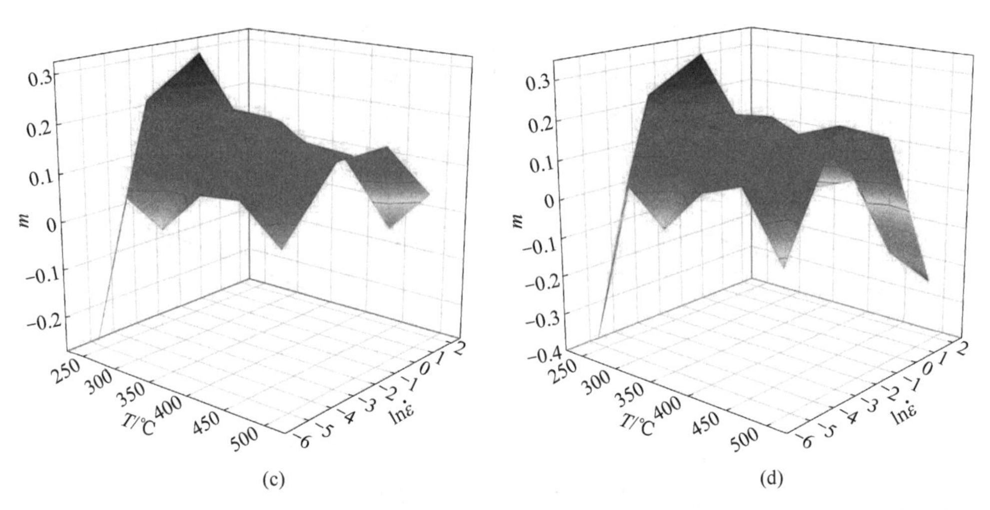

图 2-16 不同应变下 m 值对应变速率和温度的三维曲面图

(a) 应变 0.1；(b) 应变 0.3；(c) 应变 0.5；(d) 应变 0.65

扫一扫
看彩图

$0.5s^{-1}$，除了 250℃外，其他温度下能量耗散均在 30%左右。但是应变速率达到 $5s^{-1}$ 后相应的能量耗散效率波动剧烈。以温度为横坐标、应变速率为纵坐标，用耗散效率 η 构建不同应变下的功率耗散图。可用能量耗散图来表征变形过程中组织演化过程。通常情况下，某个区域的能量耗散效率越高就表明加工性越好。然而，有时高的 η 值并不能表明相应的变形条件下材料有更好的可加工性能，因为此时的高耗散效率可能是由于空洞等不稳定性的变化引起的。所以需要计算不同变形条件下的不稳定区域，然后与耗散效率图叠加得到加工图来综合分析镁合金稳定加工区域。

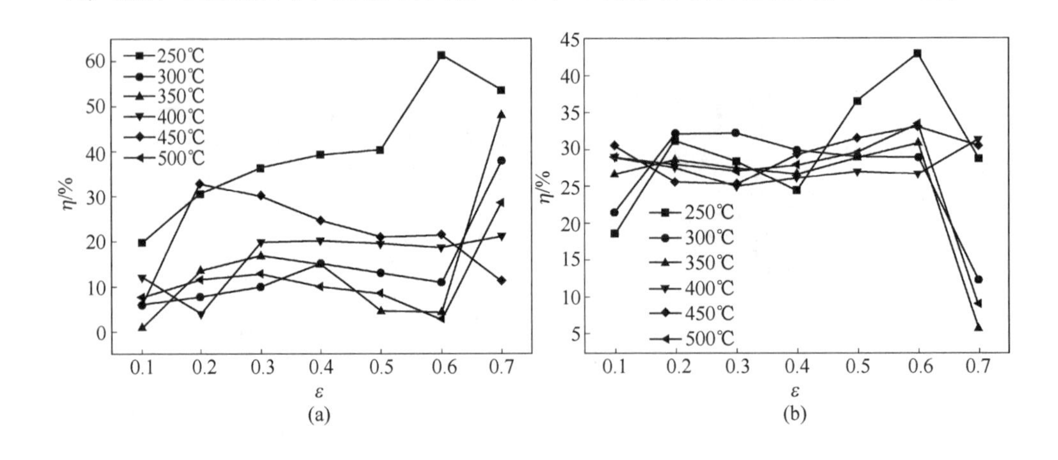

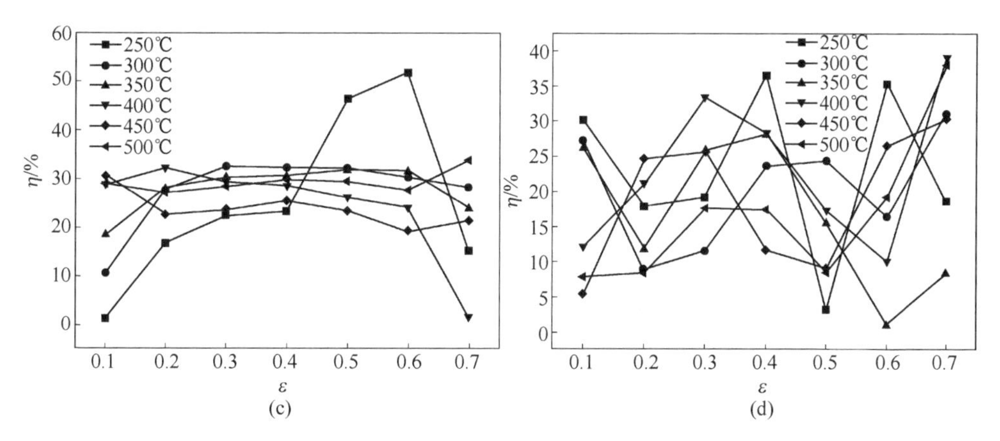

图 2-17 AZ31 镁合金在不同应变速率下的应变对能量耗散效率的影响

(a) 应变速率 $0.005s^{-1}$；(b) 应变速率 $0.05s^{-1}$；(c) 应变速率 $0.5s^{-1}$；(d) 应变速率 $5s^{-1}$

2.5.2 流变失稳参数求解

本章采用 Prasad 判别准则求解流变失稳参数：

$$\xi(\dot{\varepsilon}) = \frac{\partial \ln\left(\frac{m}{m+1}\right)}{\partial \ln \dot{\varepsilon}} + m = \frac{\partial \ln\left(\frac{m}{m+1}\right)}{\partial m} \cdot \frac{\partial m}{\partial \ln \dot{\varepsilon}} + m \tag{2-47}$$

结合式（2-46）可得到：

$$\xi(\dot{\varepsilon}) = \frac{2c + 6d\ln\dot{\varepsilon}}{m(m+1)} + m \tag{2-48}$$

通过上文求解的系数得出不同变形条件下的流变失稳参数值，以温度为横坐标、应变速率为纵坐标，用 $\xi(\dot{\varepsilon})$ 值构建流变失稳图。

2.5.3 热加工图的绘制

根据上文得到的不同变形条件下的能量耗散图和流变失稳图叠加构建热加工图，为制定斜轧穿孔工艺及控制组织提供理论依据。应变量为 0.1、0.3、0.5、0.65 的加工图如图 2-18 所示。灰色区域代表加工失稳区，虚线区域为可加工区。等值线上的数值表示能量耗散效率。能量耗散效率峰值随应变增加而增大。应变 0.1 的加工图与 0.3 的加工图相似。从应变 0.1 到 0.3 可加工区域增大。在应变 0.1 时高应变速率都处于失稳区，当应变增加到 0.3，温度 370~470℃ 范围内的高应变速率区出现加工稳定区域。能量峰值区由高温中等应变速率变为低温（250℃）低应变速率（$0.005s^{-1}$）的区域，对应的能量耗散峰值从33%变到36%。应变0.5的加工图同样与0.65的加工图相似，随着应变的增大加工失稳区也减小。应变0.65的加工图中有两个局部峰值的区域，如图2-18（d）中Ⅰ、Ⅱ所示，除此之外，还有两个加工稳定区和两个失稳区，后续将结合组织分析详细讨论。

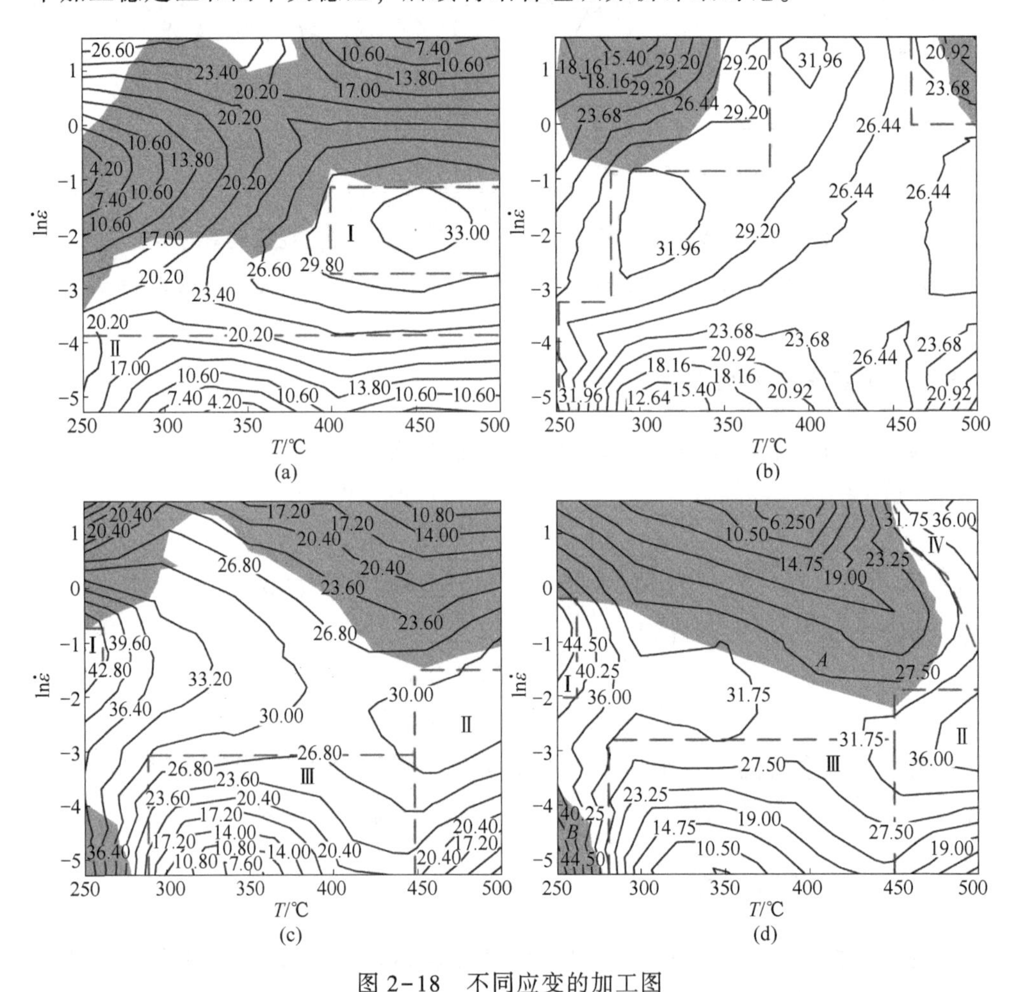

图2-18 不同应变的加工图

（a）应变0.1；（b）应变0.3；（c）应变0.5；（d）应变0.65

2.6 热加工图分析

以应变0.65的加工图来分析，加工图可以分为：两个峰区，两个失稳区，除此之外还有两个可加工区，为了得到精确的加工范围需结合相应区域组织进行分析。

2.6.1 耗散效率峰区分析

峰区Ⅰ：温度 250~260℃，应变速率 0.14~0.8s^{-1}，峰值效率达到 48%，峰值对应的温度及应变速率分别为 250℃与 0.5s^{-1}。

峰区Ⅱ：温度范围为 450~500℃，应变速率为 0.005~0.13s^{-1}，峰值效率达到 39%，对应的温度 500℃，应变速率 0.05s^{-1}。

通过它们的各自特征确定两峰区的微观机制，并结合变形后的微观组织观察进一步确定。对于峰区Ⅰ，能量耗散效率达到 48%，对于低层错能的镁合金是典型的动态再结晶过程[29,30]。图 2-19 中原始粗大晶粒中产生大量拉伸孪晶，一部分孪晶层内形核，一部分孪晶交割处形核。此温度较低，不同孪晶系之间的孪晶发生反应形核，形成两对孪晶界包围的矩形区域。另外，在高度应力集中的晶界附近产生新晶粒。这种动态再结晶为孪晶动态再结晶，孪晶与晶界处易引起严重的应力集中，会产生微观裂纹。微裂纹会进一步扩展，与压缩轴呈 45°方向，易产生剪切开裂（见图 2-19（a））。对于峰区Ⅱ，峰值效率 39%，峰值温度在（0.7~0.8）T_m 之间，该峰区内晶粒呈等轴性，晶界较平直，晶内无退火孪晶。对应流动应力呈软化特征，但是晶粒相比 400℃明显粗化，在 0.65 的大应变下可导致裂纹产生，图 2-19（b）中的三叉晶界处观察到确实有裂纹产生，这种裂纹在高温合金中报道过[31]。粗化区主要由两方面产生：（1）高温下第二相溶解降低晶界扩展阻力；（2）低应变速率和高温度下变形促进晶粒粗化。此区域为潜在的加工危险区。

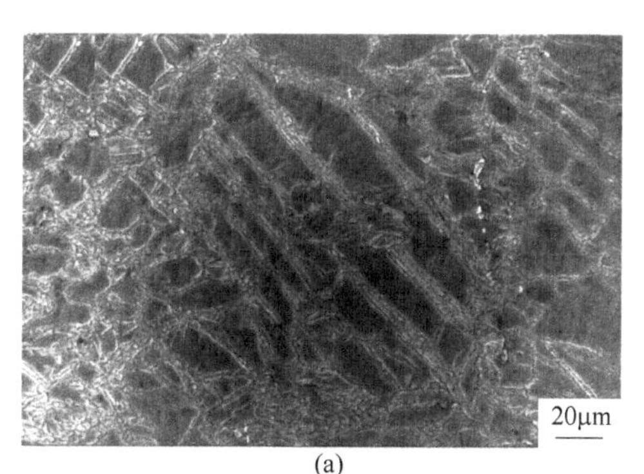

(a)

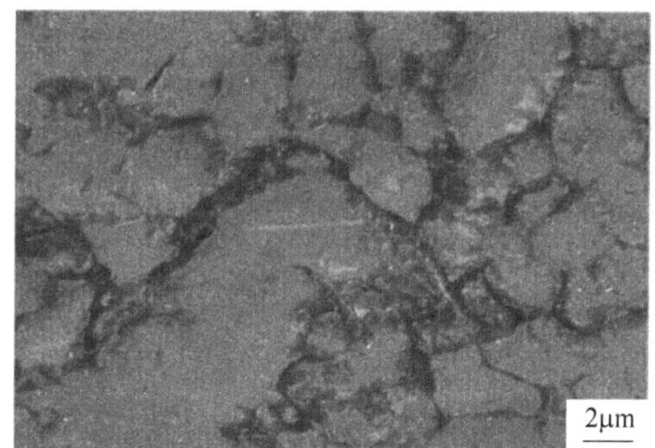

(b)

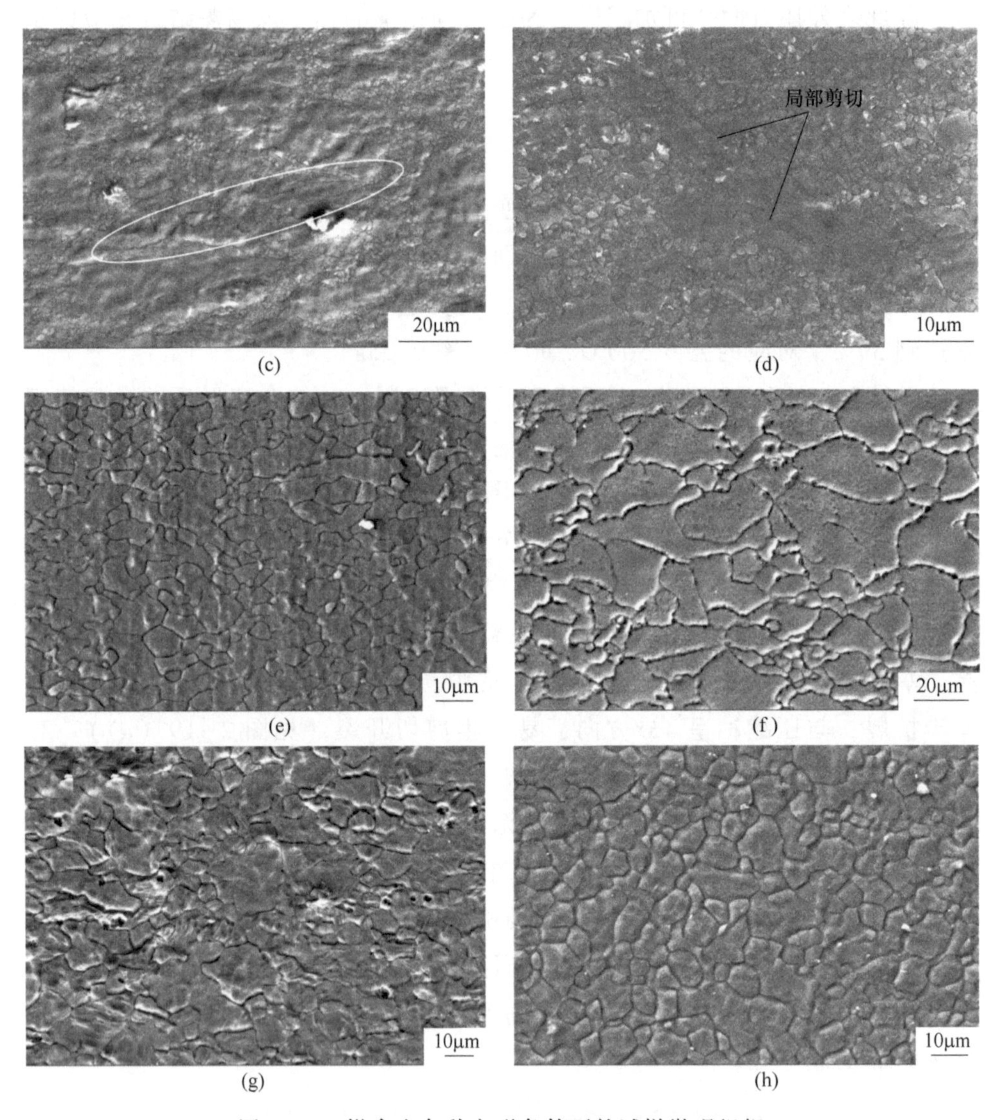

图 2-19 镁合金各种变形条件下的试样微观组织

(a) $T=250℃$，$\dot{\varepsilon}=0.5s^{-1}$，$\varepsilon=0.65$；(b) $T=500℃$，$\dot{\varepsilon}=0.05s^{-1}$，$\varepsilon=0.65$；

(c) $T=250℃$，$\dot{\varepsilon}=5s^{-1}$，$\varepsilon=0.5$；(d) $T=250℃$，$\dot{\varepsilon}=5s^{-1}$，$\varepsilon=0.65$；

(e) $T=400℃$，$\dot{\varepsilon}=5s^{-1}$，$\varepsilon=0.65$；(f) $T=450℃$，$\dot{\varepsilon}=5s^{-1}$，$\varepsilon=0.65$；

(g) $T=300℃$，$\dot{\varepsilon}=0.05s^{-1}$，$\varepsilon=0.65$；(h) $T=400℃$，$\dot{\varepsilon}=0.05s^{-1}$，$\varepsilon=0.65$

2.6.2 失稳区分析

加工图中的灰色代表两个失稳区（由 DMM 预测），分别用 A、B 表示。

失稳 A 区发生在较高应变速率区（大于 $0.1s^{-1}$），然而失稳 B 区发生在低温低应变速率下（温度 250~275℃，应变速率 $0.005 \sim 0.02s^{-1}$）。

A 区对应的温度范围为 250~475℃，范围较宽。此区域的能量耗散效率变化范围为 6.6%~29.8%。其实可以细分为低温高应变速率区和中高温高应变速率区。通常情况下认为在高应变速率下失稳是由于局部剪切带的形成。在低温高应变速率区进行组织观察，应变为 0.5 时，原始粗大晶粒在压缩过程中沿着 45°方向被拉长，变形速率越高变形带越窄，变形集中现象越明显，变形组织来不及抵消变形过程产生的位错导致位错密度增加，原始晶界处出现非常细的再结晶晶粒。相比变形晶粒和粗大原始晶粒，这些细小再结晶晶粒具有对基面滑移更有利的晶体取向，更有利于变形，但这些细小的再结晶晶粒随着变形晶界分布形成局部流动特征，如图 2-19（c）白线所标区域流动方向。当应变达到 0.65 时，晶粒继续碎化，其有利的晶粒取向沿着相邻晶粒施加的约束方向使得局部变形导致剪切，沿着 45°剪切方向形成局部剪切带，如图 2-19（d）所示（图 2-19（c）与图 2-19（d）中 45°方向不同是由于观察时放料方向相反导致），Ion[32] 在研究 Mg-0.8%Al 也发现产生了类似的剪切带。

取中高温区域（400℃，$5s^{-1}$）的组织进行分析，没有发现传统的失稳特征，晶粒呈等轴状均匀分布，揭示了大量动态再结晶的发生（见图 2-19（e））。类似的结果也在文献［33］中报道。因为在一定应变速率和应变下，增加温度表明输入的热能增加，这个能量必须满足通过冶金现象（DRX 形核及其长大）的能量耗散来达到一个稳定流动状态。因为输入的能量不能满足冶金现象（由于 DRX 的停滞）的低耗散，基于 DMM 构建的加工图标记此区域为加工失稳区。而在挤压态镁合金中没有发现动态再结晶的停滞，反而是发生完全的动态再结晶现象。在高温区随着温度的升高，再结晶晶粒继续长大，需要的能量小于温度供给的热能，导致耗散效率升高（见图 2-18（d））。当温度达到 450℃时，DRX 晶粒长大为粗大的晶粒，很可能导致显微组织中的裂纹缺陷（见图 2-19（f）），这是由于粗化的晶粒在高应变速率下的协调变形能力较差，不能很好地协调晶粒间运动导致裂纹缺陷的产生。

B 区对应的温度范围为 250~275℃，应变速率为 $0.005 \sim 0.02s^{-1}$。此区域能量耗散效率达到 40%~54%，与传统的理论认为的不会失稳相矛盾。取 250℃、$0.005s^{-1}$ 变形后试样进行组织分析，图 2-20（a）中 Ⅰ 区是难变形区，Ⅱ区是易变形区，Ⅲ区是小变形区。三个区域组织内部大晶粒周围出现细小晶粒，都发生动态再结晶现象。Ⅰ区组织在大应变下出现大量的空洞造成失稳（见图 2-20（b））。Ⅱ区出现均匀的混晶现象。除了原态粗大的等轴晶，在其周围分布着很多细晶，最细的达到了纳米级。没有发现 45°剪切带，可能是由于细晶更容易协调晶粒间的变形，不容易造成应力集中。Ⅲ区相比Ⅱ区晶粒较大，晶粒碎化程度较小（见图 2-20（c）和图 2~20（d））。为了更好地观察失稳区及其周围组织演化过程，采用高分辨率的 EBSD 图进行分析，如图 2-21 所示。

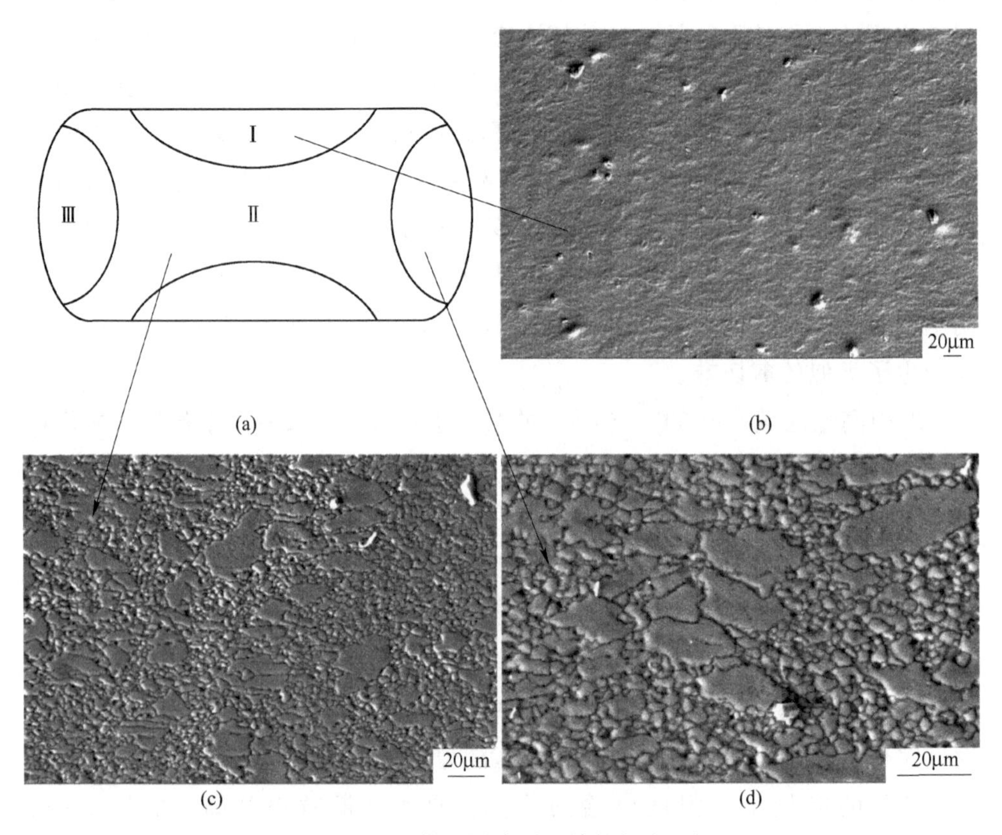

图 2-20 试样不同成形区域的相应组织

（a）不同成形区域；（b）Ⅰ区；（c）Ⅱ区；（d）Ⅲ区

图 2-21 显示失稳区试样的高分辨率 EBSD 图，可以观察到在此工艺条件下 DRX 已经开始，在粗大晶粒的锯齿晶界和凸出晶界（但未发生再结晶）附近，沿着晶粒拉长的平行方向和垂直方向进行取向差分析（正如图 2-21（a）中黑色箭头所示）来评估取向梯度。图 2-22 中红线和黑线分别代表点

图 2-21 *B* 区成形试样的高分辨率 EBSD 图

（a）250℃，0.005s^{-1}；（b）300℃，0.005s^{-1}；

（c）300℃，0.005s^{-1}（局部放大图）

扫一扫
看彩图

与点、点与原始点之间的取向差。沿着平行（L1）和垂直方向（L2）观察，点与原始点之间形成更高的累加取向差（见图 2-22）。这表明在未再结晶晶粒附近的原始晶界的平行和垂直方向都存在一个大的取向梯度。沿着晶粒横向即 L2，相比粗大晶粒内部，在相邻大角度晶界的区域可以观察到较高的取向差梯度和较低的取向差角。大的取向差梯度为小角度晶界向大角度晶界演化提供必要的动力，同时也为后续的晶粒亚晶化提供动力。这就是为什么动态再结晶晶粒在粗大晶粒的大角度晶界附近形成。再次证明此成形条件下在局部区域已经发生动态再结晶，产生大量细小晶粒。相比这，此失稳区域外试样的高分辨率 EBSD 图显示动态再结晶体积分数增加（见图 2-21），晶粒呈细小等轴晶。这表明加工的稳定区和不稳定区之间的转变与动态再结晶体积分数急剧增加有关。失稳区内存在高的耗散效率，而动态再结晶体积分数较小，说明组织应该发生其他变化消耗能量，从图中可知除了基面取向外还存在大量的柱面取向，表明晶粒发生了转动，可能是由于孪晶使得晶粒发生转动。

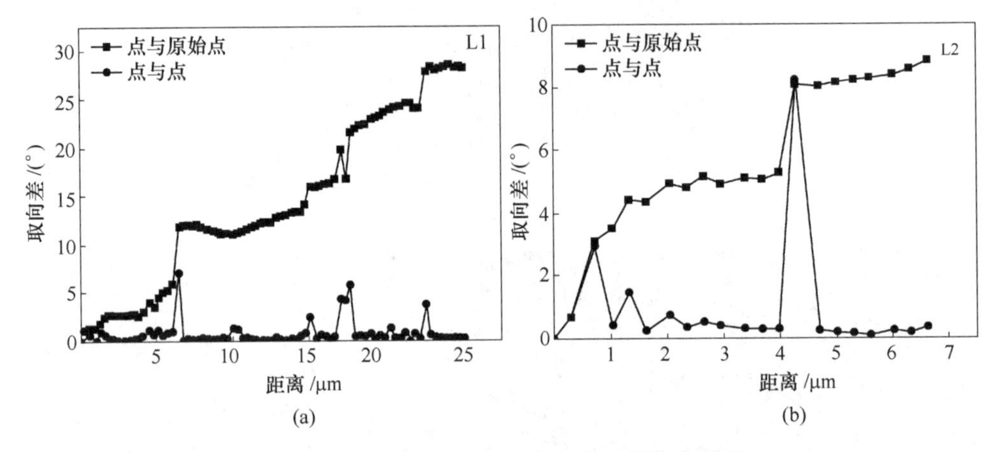

图 2-22 250℃、0.005s^{-1} 变形试样取向发展

（a）平行于拉长晶粒方向；（b）垂直于拉长晶粒方向

2.6.3 稳定区分析

Ⅲ区为加工稳定区，温度范围为 280～450℃，应变速率为 0.005～0.05s^{-1}。在温度 300～400℃、0.05s^{-1} 应变速率时耗散效率达到峰值 30.5%，分析此区域内的典型组织（见图 2-19（g）），300℃组织内部分布着原始粗大晶粒和等轴状再结晶晶粒，DRX 晶粒分布在粗大晶粒凸出晶界附近。相比 300℃、400℃的组织呈均匀的等轴晶分布，平均晶粒尺寸达到 8μm。表明此加工条件下的组织已经经历了完全动态再结晶（见图 2-19（h））。

取均匀化处理后原料和此条件下的组织进行织构分析，如图 2-23 所示，可以看到原料是由混合织构组成，织构成分为：基面织构 $\{0001\}$ $\langle 10\bar{1}0\rangle$ 与柱面织构 $\{11\bar{2}0\}$ $\langle 0001\rangle$。部分晶粒的基面平行于挤压方向，且晶向 $\langle 10\bar{1}0\rangle$ 平行于挤压轴；柱面织构要比基面织构密度强，很大一部分晶粒的柱面 $\{11\bar{2}0\}$ 平行于挤压方向，晶向 $\langle 0001\rangle$ 平行于挤压轴。相比之下，观察 400℃、0.05s^{-1} 下的极图发现，取向随机化分布增强，仅存在与 ND 方向夹角 65°和 47°的柱面织构，且极密度强度仅仅为 4，没有基面织构存在，表明此温度下加工弱化了织构并消除了基面织构，更有利于材料的塑性加工。

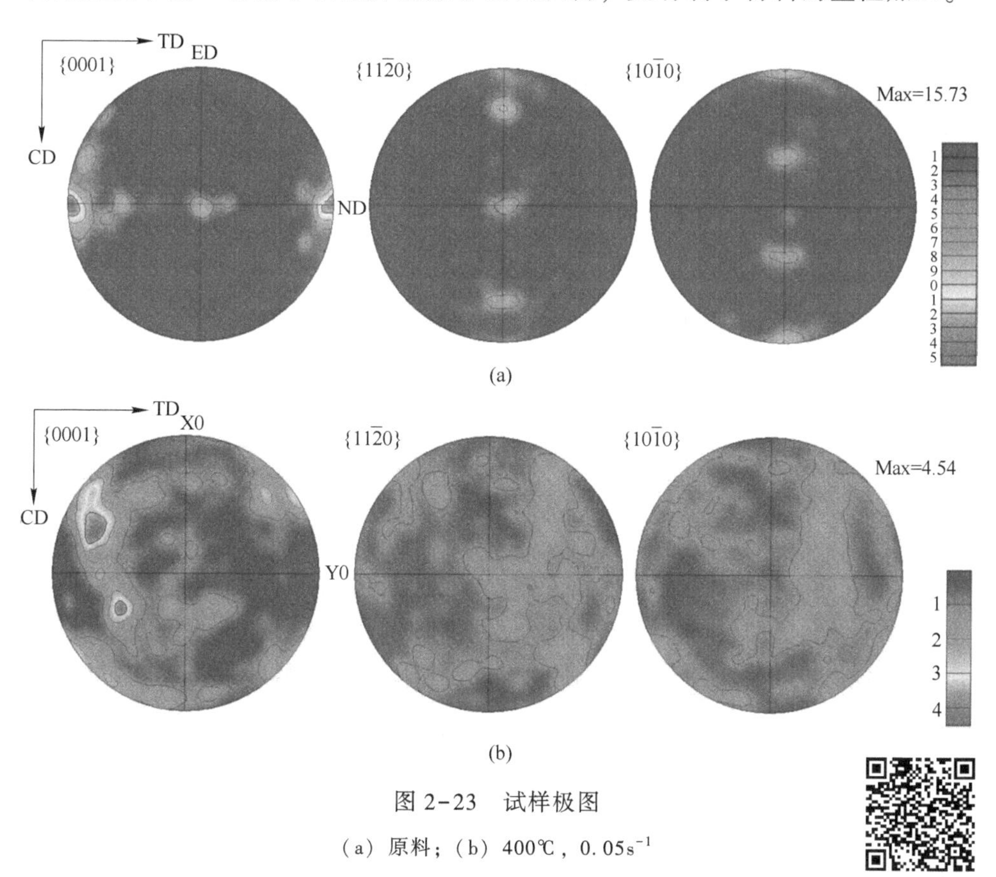

图 2-23 试样极图

（a）原料；（b）400℃，0.05s^{-1}

扫一扫
看彩图

超过 450℃，相邻区域内耗散效率随着温度的升高而降低，可能与动态再结晶后晶粒长大相关（见图 2-24），相比 400℃，组织晶粒粗大。相应的晶界分布图中粗大的晶粒内部发生拉伸孪晶 $\{10\bar{1}2\}$ 和二次孪生 $\{10\bar{1}2\}$ - $\{\bar{1}012\}$。拉伸孪晶发生 86°晶粒转动，二次孪生发生 60°晶粒转动，诱导新取向产生使得原来的软取向转变成硬取向，不利于后续的加工。

基于加工图及相应的组织演变，得出挤压态镁合金最优的热加工范围：温度 300~400℃，应变速率 0.005~0.05s^{-1}，需在此范围内选择参数保证镁合金斜轧穿孔的顺利进行。尽管加工图显示高温（大于 400℃）和高应变速率（大于 1s^{-1}）区域是失稳区，但观察相应组织也存在显著的动态再结晶。

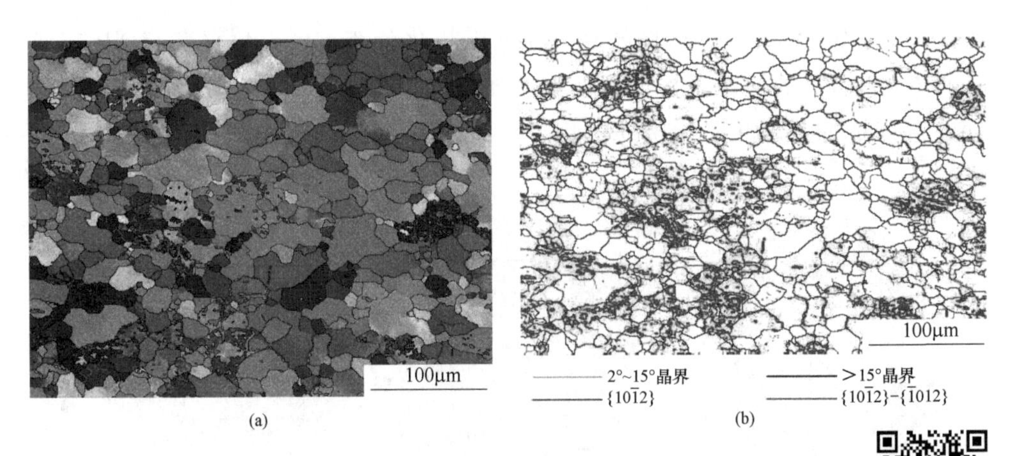

图 2-24　在 500℃、0.05s^{-1} 成形条件下试样的 EBSD 图

(a) IPF；(b) 晶界图

扫一扫
看彩图

2.7　本章小结

本章通过 Gleeble 热模拟机，在不同温度（250～500℃）和应变速率（0.005～5s^{-1}）下对挤压态 AZ31 镁合金进行等温压缩试验，得到相应的应力-应变曲线。基于加工硬化与软化机制，分析热成形行为并构建本构模型，采用应变补偿修正模型后，计算预测值与实验值相关系数达到 0.984，相关性较好。计算得到平均相对误差为 3.87%，表明本章构建的本构模型具有较高精度，完全可以运用到热加工中计算流动应力。通过叠加能量耗散图和失稳图建立镁合金热加工图，分析热加工图得到可加工温度和应变速率范围，结合相应区域组织分析各区域的加工特性，得到适合的加工工艺范围：温度 300～400℃，应变速率 0.005～0.05s^{-1}。

参考文献

[1] 孙朝阳，栾京东，刘赓，等. AZ31 镁合金热变形流动应力预测模型 [J]. 金属学报，2012，48 (7)：853-860.

[2] 罗仁平，黄雷，戴偎，等. 镁合金 AZ31B 板材温成形流变规律及本构模型 [J]. 塑性工程学报，2015，22 (1)：82-87.

[3] 王忠堂，张士宏，齐广霞，等. AZ31 镁合金热变形本构方程 [J]. 中国有色金属学报，2008，18 (11)：1977-1982.

[4] 吴章斌，桂良进，范子杰. AZ31B镁合金挤压材料的力学性能与本构分析 [J]. 中国有色金属学报，2015，15（2）：293-300.

[5] 张佳磊，王强，张治民，等. 稀土镁合金热变形应变补偿型本构模型 [J]. 热加工工艺，2015，44（10）：42-45.

[6] Wen D X，Lin Y C，Chen J，et al. Effects of initial aging time on processing map and microstructures of a nickel-based superalloy [J]. Materials Science and Engineering A-Structural Materials Properties Microstructure and Processing，2015，620（5）：319-332.

[7] Babu K A，Mandal S，Kumar A，et al. Characterization of hot deformation behavior of alloy 617 through kinetic analysis，dynamic material modeling and microstructural studies [J]. Materials Science and Engineering A-Structural Materials Properties Microstructure and Processing，2016，664：177-187.

[8] Liu Y，Hu R，Li J，et al. Characterization of hot deformation behavior of Haynes230 by using processing maps [J]. Journal of Materials Processing Technology，2009，209（8）：4020-4026.

[9] Liu Y，Geng C，Lin Q，et al. Study on hot deformation behavior and intrinsic workability of 6063 aluminum alloys using 3D processing map [J]. Journal of Alloys and Compounds，2017，713：212-221.

[10] Paulisch M C，Treff A，Driehorst I，et al. The influence of natural aging and repeated solution annealing on microstructure and mechanical properties of hot extruded alloys Al 7020 and Al 7175 [J]. Materials Science and Engineering A-Structural Materials Properties Microstructure and Processing，2018，709：203-213.

[11] Du Z，Jiang S，Zhang K. The hot deformation behavior and processing map of Ti-47.5Al-Cr-V alloy [J]. Materials & Design，2015，86（7）：464-473.

[12] Zhao H Z，Xiao L，Ge P，et al. Hot deformation behavior and processing maps of Ti-1300 alloy [J]. Materials Science and Engineering A-Structural Materials Properties Microstructure and Processing，2014，604（1）：111-116.

[13] Zhou Z，Fan Q，Xia Z，et al. Constitutive relationship and hot processing maps of Mg-Gd-Y-Nb-Zr alloy [J]. Journal of Materials Science & Technology，2017，33（7）：637-644.

[14] Shalbafi M，Roumina R，Mahmudi R. Hot deformation of the extruded Mg-10Li-1Zn alloy：Constitutive analysis and processing maps [J]. Journal of Alloys & Compounds，2017，696：1269-1277.

[15] Wu H Y，Wu C T，Yang J C，et al. Hot workability analysis of AZ61 Mg alloys with pro-

cessing maps [J]. Materials Science and Engineering A-Structural Materials Properties Microstructure and Processing, 2014, 607: 261-268.

[16] 庞灵欢, 徐春, 陈贝, 等. AZ61 镁合金的热加工图及本构模型研究 [J]. 热加工工艺, 2016, 45 (5): 118-121.

[17] 肖梅, 周正, 黄光杰, 等. AZ31 镁合金的热变形行为及加工图 [J]. 机械工程材料, 2010, 34 (4): 18-21.

[18] Cui C Y, Gu Y F, Yuan Y, et al. Dynamic strain aging in a new Ni-Co base superalloy [J]. Scripta Materialia, 2011, 64 (6): 502-505.

[19] 欧阳德来, 鲁世强, 崔霞, 等. 应用加工硬化率研究 TA15 钛合金 β 区变形的动态再结晶临界条件 [J]. 航空材料学报, 2010, 30 (2): 17-23.

[20] Goetz R L, Semiatin S L. The adiabatic correction factor for deformation heating during the uniaxial compression test [J]. Journal of Materials Engineering and Performance, 2001, 10 (6): 710-717.

[21] Sellars C M, Mctegart W J. On the mechanism of hot deformation [J]. Acta Metallurgica, 1966, 14 (9): 1136-1138.

[22] Zener C, Hollomon J H. Effect of strain rate upon plastic flow of steel [J]. Journal of Applied Physics, 1944, 15 (1): 22-32.

[23] 丁小凤, 双远华, 林伟路, 等. 挤压态镁合金流变行为及本构模型研究 [J]. 塑性工程学报, 2017, 6 (24): 165-171.

[24] Venugopal S, Venugopal S, Sivaprasad P V, et al. Validation of processing maps for 304L stainless steel using hot forging, rolling and extrusion [J]. Journal of Materials Processing Technology, 1996, 59 (4): 343-350.

[25] Sivakesavam O, Prasad Y V R K. Hot deformation behaviour of as-cast Mg-2Zn-1Mn alloy in compression: a study with processing map [J]. Materials Science and Engineering A-Structural Materials Properties Microstructure and Processing, 2003, 362 (1/2): 118-124.

[26] Sneddon I N, Hill R, Jahsman W E. Progress in solid mechanics [J]. Journal of Applied Mechanics, 1965, 32 (2): 478.

[27] Clemens H, Chladil H F, Wallgram W, et al. In and ex situ investigations of the β-phase in a Nb and Mo containing γ-TiAl based alloy [J]. Intermetallics, 2008, 16 (6): 827-833.

[28] Senthilkumar V, Balaji A, Narayanasamy R. Analysis of hot deformation behavior of Al 5083-TiC nanocomposite using constitutive and dynamic material models [J]. Materials & Design, 2012, 37 (5): 102-110.

[29] Prasad Y V R K, Rao K P, Sasidhara S. Hot working guide: Compendium of processing maps [M]. Ohio: ASM International, 2015.

[30] Sivakesavam O, Rao I S, Prasad Y V R K. Processing map for hot working of as cast magnesium [J]. Materials Science & Technology, 1993, 9 (9): 805-810.

[31] Somani M C, Muraleedharan K, Prasad Y V R K, et al. Mechanical processing and microstructural control in hot working of hot isostatically pressed P/M IN-100 superalloy [J]. Materials Science and Engineering A-Structural Materials Properties Microstructure and Processing, 1998, 245 (1): 88-99.

[32] Ion S E, Humphreys F J, White S H. Dynamic recrystallisation and the development of microstructure during the high temperature deformation of magnesium [J]. Acta Metallurgica, 1982, 30: 1909-1919.

[33] Samantaray D, Mandal S, Jayalakshmi M, et al. New insights into the relationship between dynamic softening phenomena and efficiency of hot working domains of a nitrogen enhanced 316L (N) stainless steel [J]. Materials Science and Engineering A-Structural Materials Properties Microstructure and Processing, 2014, 598 (2): 368-375.

3 热加工过程镁合金组织演变和晶粒取向

在热加工过程中，动态再结晶作为晶粒细化和软化机制，对材料成形组织控制、塑性成形能力提高、加工工艺优化具有重要作用。一方面动态再结晶通过软化修复塑性和延展性，提高塑性加工性能；另一方面动态再结晶通过细化晶粒来控制最终成品的微观组织。镁合金在高温变形过程中不发生相变，因此在热加工过程中动态再结晶是控制产品晶粒尺寸、形貌、取向及织构的唯一方法。为了研究镁合金斜轧穿孔工艺需深入研究高温动态再结晶行为，本章分析高温变形过程中组织的演变以及温度、应变速率、变形量对DRX过程的影响。再结晶过程中伴随能量的变换，通过构建动态再结晶临界应变模型、动力学模型和晶粒尺寸模型定量表征其能量，同时预测热加工过程中组织晶粒大小变化，为后续斜轧穿孔工艺组织控制提供模型及理论基础。相比材料的化学成分和微观组织，织构同样是预测和控制其性能和变形行为的重要因素。通过分析温度、变形量对织构的形成及组分的影响规律，得到不同温度、变形量下可能出现的织构类型及产生原因，为后文研究斜轧穿孔加工方式产生的织构与力学性能的关系，提高镁合金可加工性提供理论支撑。

3.1 微观组织演变

镁合金在热变形过程中不仅发生宏观变化，相应的内部组织也发生变化。分析热变形后组织演变除了结合流变曲线分析其演变方式外，还能更细致地验证变形参数的可靠性。研究热压缩过程变形条件对组织演变的影响，可为后续的控制斜轧过程微观组织、加工性能，优化斜轧穿孔工艺提供理论基础。镁合金是低层错能合金，晶界扩散速度快，高温塑性变形的独立滑移系较少，所以 DRX 和孪生成了主要的变形方式[1]。而 DRX 过程主要受温度、应变速率和变形量等变形条件影响。本节通过分析不同变形条件下 DRX 行为来研究热变形过程中组织的演变规律。

3.1.1 挤压态镁合金原始微观组织

图 3-1 为挤压态镁合金原始微观组织金相照片，从图中可以看到原始组织晶界平直光滑，说明动态再结晶已经完成，晶粒呈等轴状大小不均分布，因为挤压变形的储存能除了提供再结晶形核，还使后续的动态再结晶晶粒长大，所以晶粒才会有大有小不均匀，平均晶粒尺寸为 25μm。原始组织内部弥散分布着球状第二相，在晶界处存在少量的块状第二相。

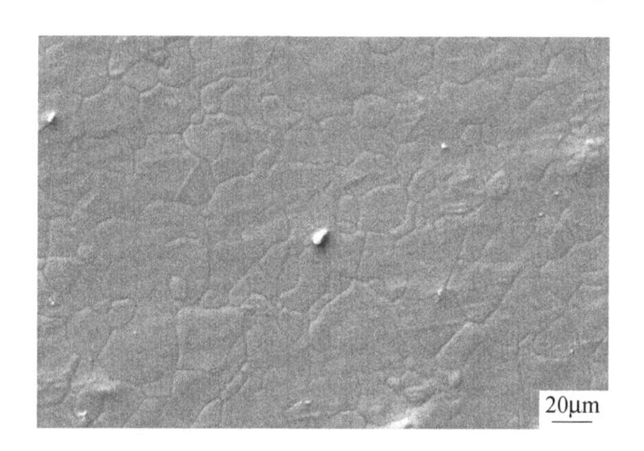

图 3-1 挤压态镁合金原始微观组织

3.1.2 变形温度对镁合金微观组织的影响

在热压缩过程中，低层错能的镁合金很容易发生 DRX 及晶粒长大。图 3-2 为挤压态镁合金应变 0.65、应变速率 0.005s^{-1} 变形条件下不同温度的

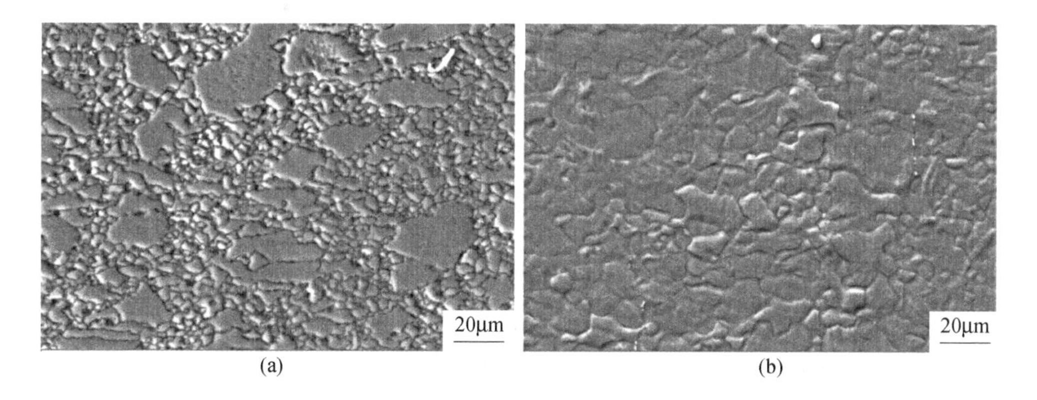

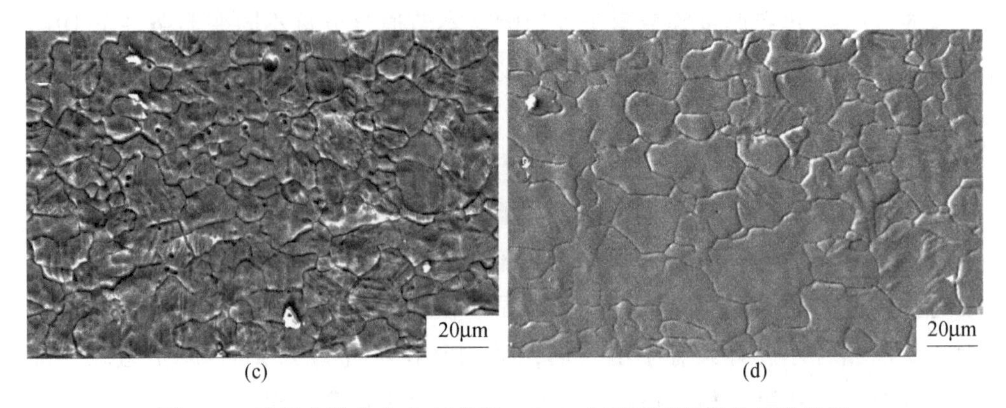

图 3-2 挤压态镁合金应变速率 0.005s^{-1} 下不同温度的显微组织

(a) 250℃；(b) 350℃；(c) 400℃；(d) 450℃

微观组织。250℃时，一部分原始晶粒在低应变速率与大应变作用下碎化成细晶，一部分被压缩成形状不规则的块状晶粒，组织呈大小晶粒混晶状存在，其中大晶粒的平均尺寸基本还是 23μm 左右，细晶可达 1μm 左右，显然 DRX 进行的不够完全，新晶粒尺寸特别细小。为了深入研究 DRX 过程，采用高分辨率的 EBSD 图进行分析，如图 3-3 所示。

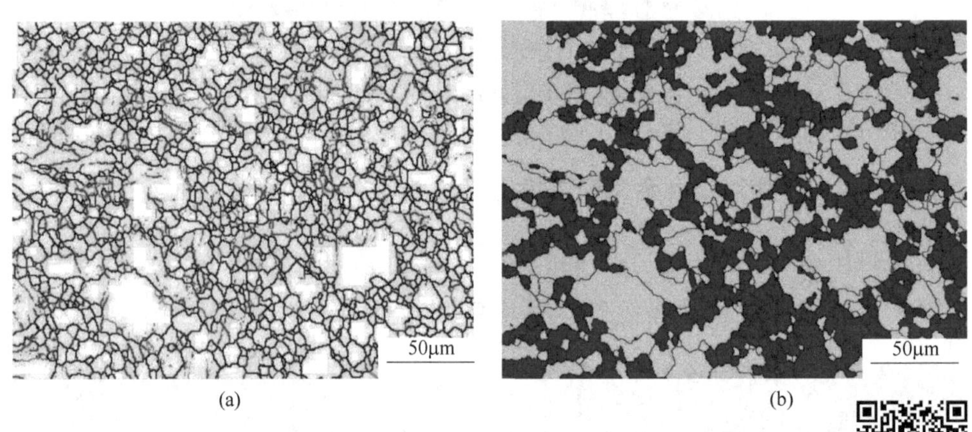

图 3-3 应变速率 0.005s^{-1}，温度 250℃镁合金的 EBSD 图

(a) 晶界图；(b) DRX 图

图 3-3 (a) 显示挤压态镁合金在温度 250℃、应变速率 0.005s^{-1} 变形后的晶界图，大角度晶界用粗黑线表示，小角度晶界用浅灰线表示，孪晶晶界用红线显示。图 3-3 (b) 中黄色晶粒代表亚晶，蓝色代表 DRX 晶粒，红色代表变形晶粒。变形过程中交滑移和攀移导致位错重排，形

成小角度亚晶，亚晶不断吸收变形引起的位错，小角度不断增大，致使亚晶转动，逐渐变成大角度晶界，导致原始组织晶粒细化，最后变形晶粒基本消失，剩余亚晶和 DRX 晶粒。此种方式的 DRX 为连续动态再结晶。

随着温度的升高，非基面滑移系启动，原始晶粒继续碎化，晶界处不断有新的 DRX 形核，同时已形成的 DRX 晶粒不断长大（见图 3-2（b））。当温度达到 400℃，晶粒呈等轴状均匀分布，平均晶粒尺寸达到 18μm，晶界比较平直，表明 DRX 基本完成，在晶粒内部发现少量孪晶（见图 3-2（c））。随着温度继续增加，晶粒粗化，发生二次再结晶使得部分晶粒异常长大，平均晶粒尺寸达到 28μm（见图 3-2（d））。

图 3-4 为挤压态镁合金应变速率 $5s^{-1}$ 下不同温度的显微组织。低温 250℃，动态再结晶在孪晶内部和晶界形核生成细小 DRX 晶粒。热变形过程中，孪晶间及与位错之间相互反应形核，不同孪晶系之间孪晶反应形核，形成由孪晶对包围的矩形区域，晶粒旋转使基体与核心形成取向差，这是典型

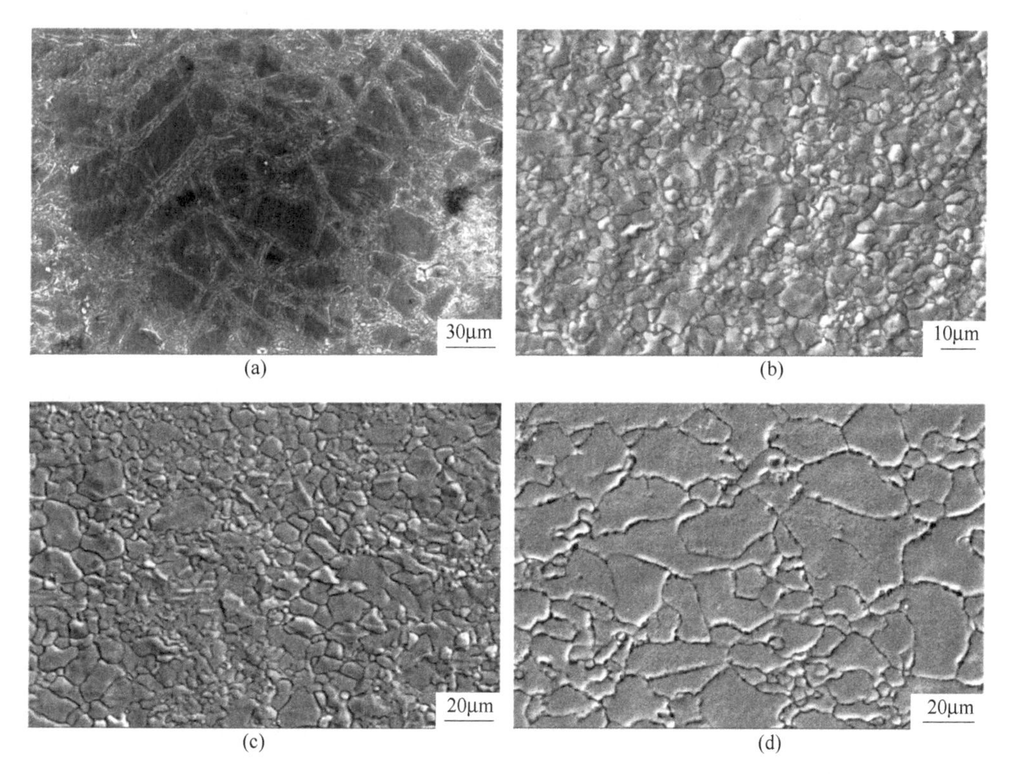

图 3-4 挤压态镁合金应变速率 $5s^{-1}$ 下不同温度的显微组织（$\varepsilon=0.65$）

（a）250℃；（b）350℃；（c）400℃；（d）450℃

的孪生 DRX（见图 3-4（a））。温度升高，在高应变速率大应变下，原始粗大晶粒晶界弓出，形成锯齿状晶界，在晶界附近形成再结晶晶粒。组织内部出现纳米晶，动态再结晶体积分数增大，除了少部分还在进行 DRX 的粗大晶粒外，大部分晶粒呈等轴状均匀分布（见图 3-4（b））。400℃时锯齿状晶界消失呈平直光滑，晶粒基本呈等轴状均匀分布，平均晶粒尺寸达到 9μm，表明 DRX 基本完成（见图 3-4（c））。450℃高应变速率下，晶粒长大出现不同程度粗化，表明此变形条件不适合镁合金热加工（见图 3-4（d））。显然，随着温度的升高，镁合金无论是在低应变速率还是高应变速率下变形，其原子扩散速率增加，相比低温，滑移、攀移和交滑移更容易发生，DRX 形核率增加且晶界迁移增强。总之，升高温度促进 DRX 的发生。

3.1.3 应变速率对镁合金微观组织的影响

应变速率既影响 DRX 新晶粒的形核又影响新晶粒的尺寸大小。其实晶粒尺寸是受应变速率和温度共同综合作用影响的。根据 Z 参数可知，增大应变速率或降低温度理论上可以减小晶粒大小达到细化晶粒作用。从图 3-2 和图 3-4 可以明显看到，应变速率 $5s^{-1}$ 变形条件下组织晶粒要明显比 $0.005s^{-1}$ 时的要小。400℃、应变速率较低时，变形后镁合金晶粒比较粗大，这是由于低应变速率相应的变形时间要长，变形较充分。应变速率增大，镁合金金相组织为更细小的 DRX 晶粒，这是因为在 400℃时镁合金更容易发生 DRX 且高应变速率下变形引起的位错来不及抵消，引起位错增多，储存能增大使 DRX 形核增加，导致晶粒细化（见图 3-4（c））。

结合 400℃、$0.05s^{-1}$ 镁合金的 IPF 图深入分析，图 3-5 中红色表示基面取向，绿色和紫色表示柱面取向。在中应变速率下，变形中的位错密度增加便于亚晶的形成，亚晶不断吸收位错及晶界周围位错增大取向差，逐渐转变成大角度晶界。大角度晶界迁移吞并周围亚晶及亚晶界，完成动态再结晶。在 400℃温度下，从图中可知柱面、锥面等非基面滑移增强，晶粒发生转动，促进基面滑移的进行，并且组织存在均匀细小的 DRX 等轴晶粒，说明该条件下更容易发生 DRX。

总之，在镁合金高温变形过程中，应变速率对组织演变起重要作用。当应变速率较大时，变形时间较短镁合金内部组织来不及发生完全动态再结晶；当应变速率较小时，变形时间长，动态再结晶有充足时间可充分进行，

扫一扫
看彩图

图 3-5 应变速率 0.05s^{-1}、400℃挤压态镁合金的 IPF 图

软化作用增强，然而组织内部晶粒长时间处于高温会长大而粗化；当应变速率不超过 0.5s^{-1} 时，镁合金在变形过程中 DRX 充分进行，同时晶粒不容易长大。除了温度与应变速率外，应变量对镁合金高温变形组织演变也同样有着重要影响。

3.1.4 应变量对镁合金微观组织的影响

图 3-6 为镁合金在温度 400℃、应变速率 0.05s^{-1} 下，应变量为 0.2、0.4、0.6、0.8 时的金相组织。随着应变量的增加，挤压态镁合金平均晶粒尺寸减小。应变量为 0.2 时，原始晶粒在压缩过程中晶粒被拉长，大晶粒内部出现孪晶，在其晶界附近产生细小的 DRX 晶粒，组织很不均匀。当应变量达到 0.4，原始粗大晶粒明显减少，但仍存在拉长的晶粒，相比粗大晶粒，在其周围有细小的晶粒，达到 2μm。随着应变量持续增大，晶内位错密度增加，晶格畸变加剧，导致新晶粒形核数量增多而细化晶粒。应变量到 0.6 时，被拉长的晶粒消失，组织内部充满等轴状 DRX 晶粒，相比应变量为 0.2，晶粒却没有变小反而有增大的趋势，这是由于大应变量使晶粒内部变形储存能增大，一部分能量使亚晶界迁移，通过位错运动增大其取向差，小角度晶界逐渐转变成大角度晶界，完成动态再结晶；另一部分能量为新形成的 DRX 晶粒长大提供充足动力，最后形成较均匀的 DRX 晶粒。当应变量达到 0.8 时，晶粒被继续碎化来协调晶界间大变形。

400℃镁合金压缩过程中发生的 DRX 是与变形行为同时发生的动态过程，晶粒组织内部同时存在再结晶组织、形变组织和形变亚组织。为了深入

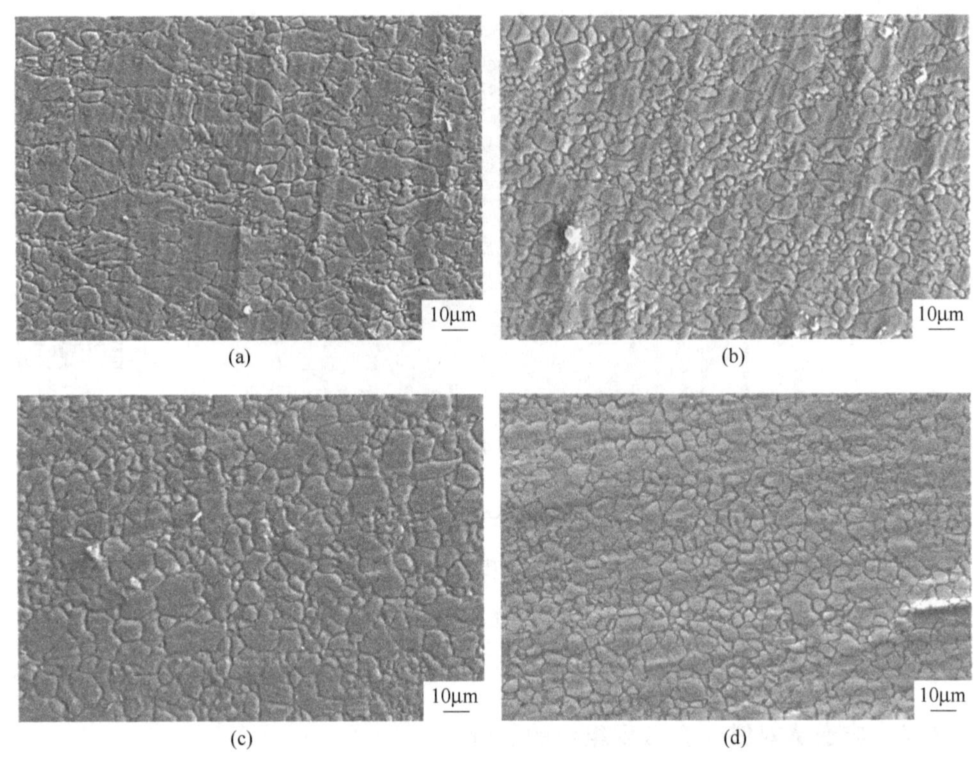

图 3-6 挤压态镁合金不同应变量下的金相组织（0.05s^{-1}，400℃）

（a）应变量 0.2；（b）应变量 0.4；（c）应变量 0.6；（d）应变量 0.8

研究此温度下不同变形量下镁合金的 DRX 行为，需采用 EBSD 提供的 KAM（Kernel Average Misorientation）参数进行标定：若扫描的点与其相邻的点之间取向差平均值小于 1°，用蓝色标记为再结晶组织；当取向差的平均值为 1°～2°，用黄色标记其为形变亚组织；当取向差平均值为 2°～7.5°，用红色标记其为形变组织[2]。图 3-7 为 400℃、应变速率 0.05s^{-1} 不同应变量下的动态再结晶组织分布。应变量 20%压缩后，组织内部的再结晶晶粒比例为 33.607%，变形初期组织内部发生位错形成大量的亚结构，还有少量未变形的组织。随着应变量继续增大，组织内部形变亚晶和形变组织数量减少，动态再结晶组织增加，亚晶吸收一部分位错逐渐由小角度晶界转化为大角度晶界，即发生连续动态再结晶。应变量 60%压缩后，组织内部 DRX 比例达到 72.838%，如果认为发生动态再结晶组织中再结晶组织所占比例超过 65%时，组织发生充分的动态再结晶，那么此应变量下组织已经发生充分动态再结晶，且组织呈均匀的等轴状分布。应变量 80%压缩后，晶粒更加细化，动态再结晶比例稍下降，比例达到 60.27%，因为变形量太大，即使在动态再结晶晶粒内部存在局部位错，系统自动标记为亚晶。所以，图 3-7（d）中统计的 DRX 组织相比图 3-7（c）中减少，而形变亚晶数量增加，形变组织数量基本不变，可认为此应变量组织已经发生完全 DRX。当组织发生充分 DRX 后再结晶比例一般不会明显增加，介于 70%~80%之间，动态再结晶达到稳定阶段，但 DRX 组织不可能完全由再结晶组织组成，还会有少量的亚晶和形变组织存在。

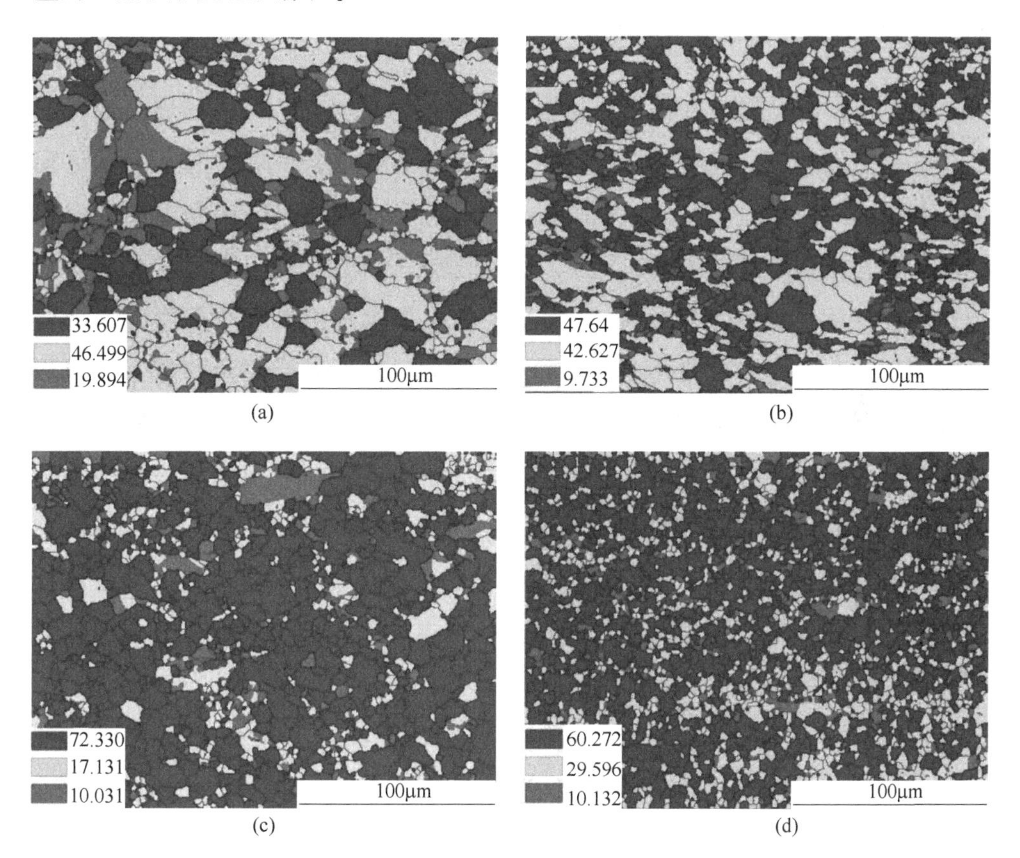

图 3-7 挤压态镁合金不同应变量下的动态再结晶组织分布（$0.05s^{-1}$，400℃）

（a）应变量 0.2；（b）应变量 0.4；（c）应变量 0.6；（d）应变量 0.8

扫一扫
看彩图

3.2 挤压态镁合金组织预测模型

前文已经对镁合金热变形过程中的组织演变进行了分析，同时第 2 章通过热加工图定性地分析了变形参数（温度、应变速率）对组织的影响。在实际生产中，通过研究镁合金热加工后的组织演变规律，构建能反映其内部组织演变的数学模型，可为实际加工过程中组织预测和控制提供理论指导。斜轧穿孔过程中镁合金管坯在变形区发生 DRX，在穿孔结束离开轧机后的冷却过程中会发生晶粒长大，所以从动态再结晶模型和晶粒长大模型两方面构建其组织演变模型。

3.2.1 动态再结晶临界应变模型

镁合金在高温变形过程中，当温度达到一定值发生 DRX。随着变形量的增加，镁合金内部产生大量位错，发生加工硬化；变形同时也发生软化现象，如 DRX 和动态回复。当内部位错密度达到临界值时，镁合金便会发生 DRX，所对应的应变为临界应变[3]。在热变形过程中 DRX 是很重要的微观组织演变过程，因此准确找到 DRX 发生的临界应变至关重要。而临界应变主要取决于材料本身的化学成分、初始晶粒尺寸和变形条件。传统方法采用金相实验法和流动应力-应变曲线分析法确定其临界值，但金相实验法需要做大量的实验，工作量大且消耗成本，故采用流动应力-应变曲线来确定临界值[4]。国内外学者通常用 sellars 模型，即 $\varepsilon_c=(0.6\sim0.85)\varepsilon_p$ 来表示动态再结晶临界应变模型。在此模型基础上 Poliak 和 Jonas 等[5] 提出加工硬化率，利用热力学不可逆原理，指出加工硬化率（θ）-流动应力（σ）曲线的拐点为发生 DRX 的临界条件：

$$\frac{\partial}{\partial\sigma}\left(-\frac{\partial\theta}{\partial\sigma}\right)=0 \tag{3-1}$$

式中 θ——加工硬化率，MPa，$\theta=\mathrm{d}\sigma/\mathrm{d}\varepsilon$。

基于热力学不可逆原理构建的 DRX 临界模型，已被应用在镁合金[6]、钛合金[7]及钢[8]等材料的研究中。

由于温度带来的波动以及不均匀流动带来的干扰使得曲线不光滑，所以在计算 θ 之前需通过高次多项式拟合流动应力。根据前文分析，当镁合金温度达到 500℃时晶粒已经开始长大，组织粗化，所以可不分析 500℃的曲线。根据实验数据计算 θ 值，绘制不同温度、应变速率下的 θ-σ 关系曲线，如图 3-8 所示。从图 3-8 分析可知，随着 σ 增大 θ 降低，这是动态再结晶和动态回复软化的结果。根据 Poliak 可知，当 θ 降低到 0 时对应的应力为峰值应力。在固定应变速率下，随着温度的升高峰值应力减小，对应的加工硬化率也降低。θ 随着应力的增大而降低，当降到 0 时出现拐点开始有回升，但应变速率为 $5s^{-1}$ 时曲线的变化趋势与其他的不同，没有明显的拐点。在曲线 θ-σ 上直接准确地计算出拐点值比较困难，参阅大量文献和分析曲线 θ-σ 后发现，对 θ-σ 进行三次拟合后，其拐点对应曲线（$d\theta/d\sigma$）-σ 的最低点，故用曲线（$d\theta/d\sigma$）-σ 的最低点来求 DRX 的临界应变 ε_c。

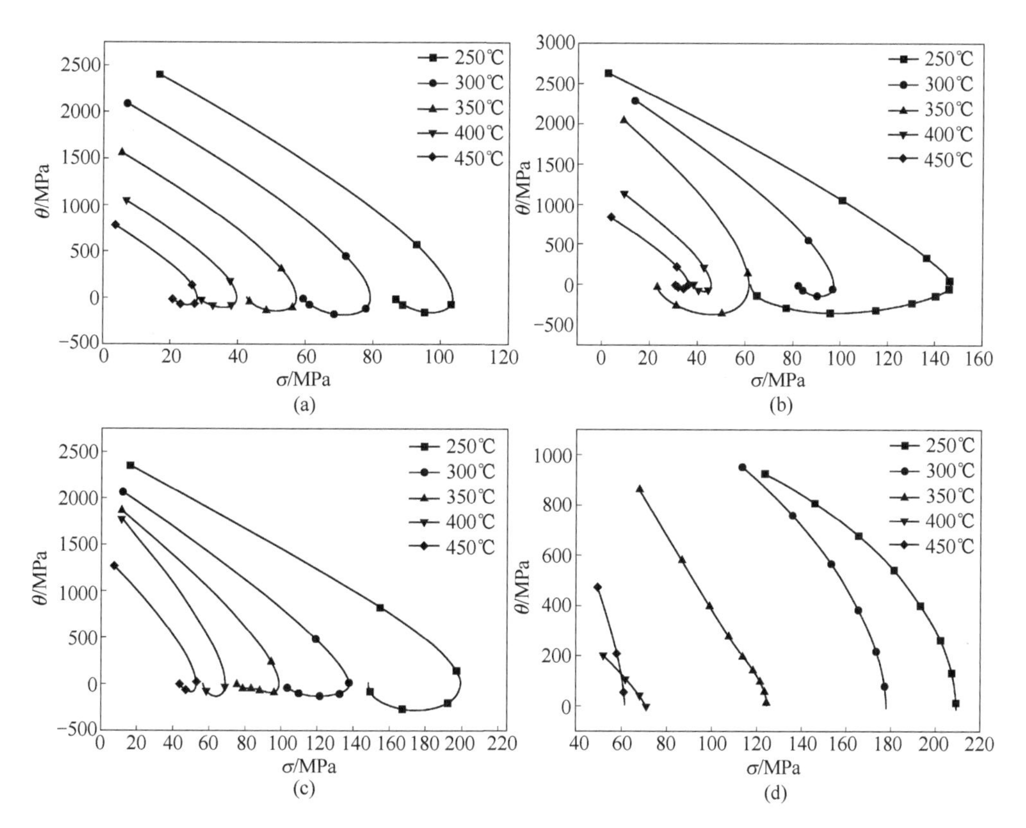

图 3-8 不同温度、应变速率下加工硬化率 θ-流动应力 σ 曲线

（a）应变速率 $0.005s^{-1}$；（b）应变速率 $0.05s^{-1}$；（c）应变速率 $0.5s^{-1}$；（d）应变速率 $5s^{-1}$

根据高等数学，对 θ 求一阶导数（$d\theta/d\sigma$），并绘制曲线 $|-(d\theta/d\sigma)|$ -σ，如图 3-9 所示，曲线中最低点对应的应力为动态再结晶发生的临界应力，数值统计于表 3-1 中。

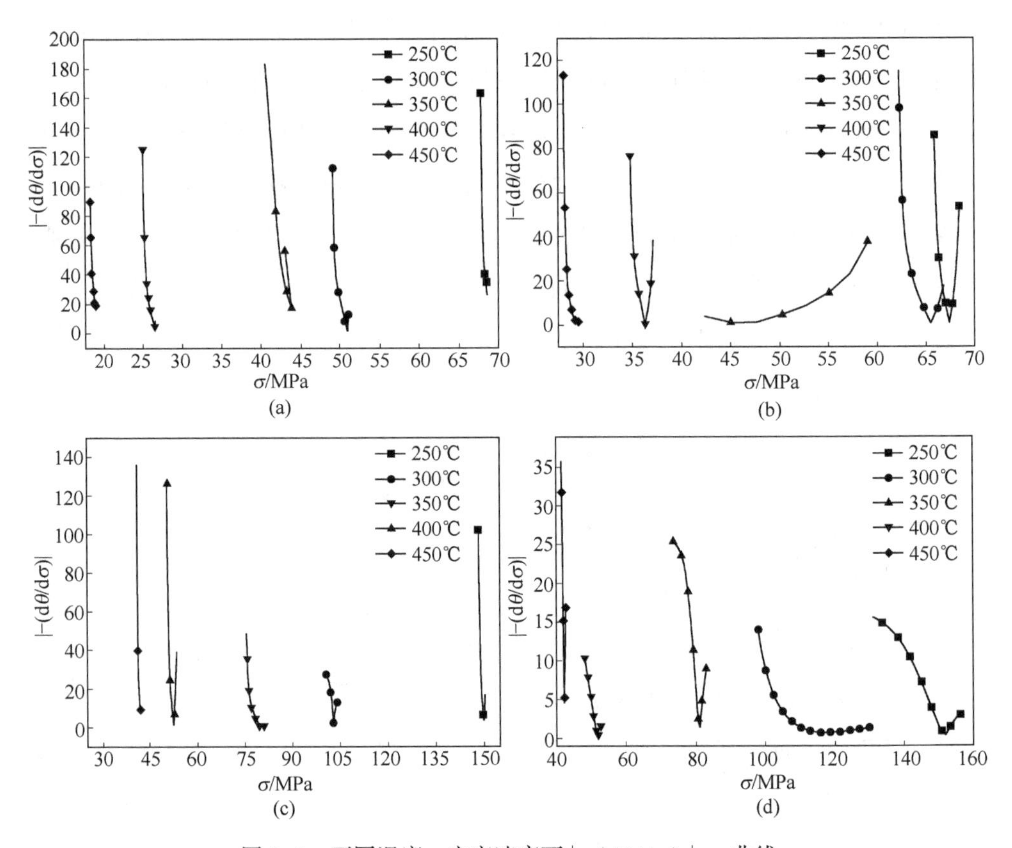

图 3-9 不同温度、应变速率下 |-(dθ/dσ)|-σ 曲线

(a) 应变速率 $0.005s^{-1}$；(b) 应变速率 $0.05s^{-1}$；(c) 应变速率 $0.5s^{-1}$；(d) 应变速率 $5s^{-1}$

利用偏导关系得到下面关系式：

$$-\partial(\ln\theta)/\partial\varepsilon = -\partial\theta/\partial\sigma \tag{3-2}$$

同样的方法应用应力-应变曲线绘制出 $\ln\theta-\varepsilon$ 曲线，如图 3-10 所示。发现 $\ln\theta$ 与 ε 呈三次多项式的关系，表达式如下：

$$-\partial(\ln\theta)/\partial\varepsilon = a + b\varepsilon + c\varepsilon^2 \tag{3-3}$$

通过三次多项式拟合 a、b、c 系数，分别得出不同温度-应变速率的表达式，在此基础上对 ε 求二阶导数，用 $-\partial^2(\ln\theta)/\partial\varepsilon^2 = 0$ 求出相应的临界应变，将数值统计到表 3-1 中。

大量参考文献表明，临界应变与峰值应变之间存在线性关系，而峰值应变与应变速率和温度相关，从表 3-1 可以看出，峰值应变随着温度的升高而降低，随着应变速率的增加而增大。本章采用 Arrhenius 形式来计算峰值应变模型，其表

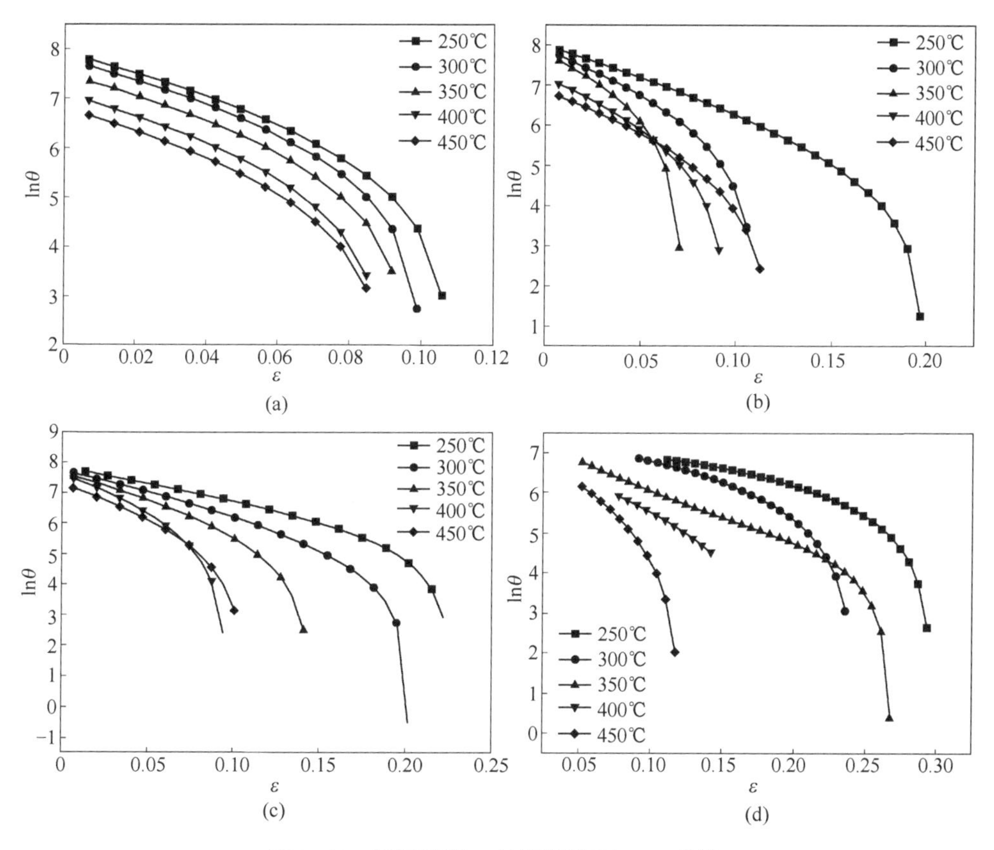

图 3-10 不同温度、应变速率下 lnθ-ε 曲线

(a) 应变速率 0.005s^{-1}；(b) 应变速率 0.05s^{-1}；(c) 应变速率 0.5s^{-1}；(d) 应变速率 5s^{-1}

达式为:

$$\varepsilon_{\mathrm{p}} = A\dot{\varepsilon}^{n}\exp\left(\frac{Q}{RT}\right) \tag{3-4}$$

对式 (3-4) 两边求对数得到:

$$\ln\varepsilon_{\mathrm{p}} = \ln A + n\ln\dot{\varepsilon} + \frac{Q}{RT} \tag{3-5}$$

式中 A, n——材料系数。

由式 (3-5) 可知, n、Q/R 分别是 $\ln\varepsilon_{\mathrm{p}}-\ln\dot{\varepsilon}$、$\ln\varepsilon_{\mathrm{p}}-1/T$ 斜率, 通过线性拟合分别作出拟合直线, 如图 3-11 所示。从图中可知, $n = 0.1878$, $Q/R = 196.77$, 则可得 $Q = 1636\mathrm{J/mol}$。将得到的参数代入式 (3-5) 求得: $A = 0.1327$。将得到的参数代到公式 (3-4) 得到峰值应变模型:

$$\varepsilon_{\mathrm{p}} = 0.1327\dot{\varepsilon}^{0.1878}\exp\left(\frac{1636}{RT}\right) \tag{3-6}$$

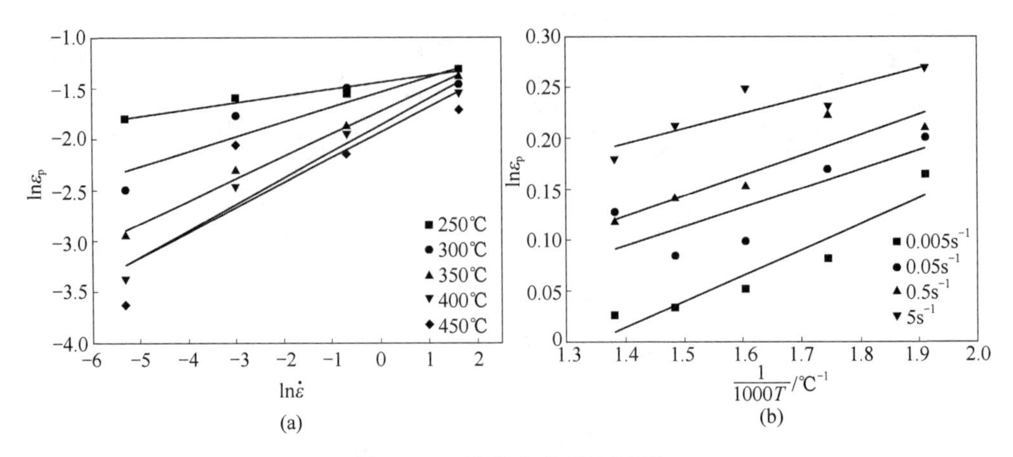

图 3-11 峰值应变拟合过程

(a) $\ln\varepsilon_p-\ln\dot{\varepsilon}$；(b) $\ln\varepsilon_p-1/1000T$

表 3-1 AZ31 镁合金在不同变形条件下的动态再结晶的 σ_c 及 ε_c

应变速率 $\dot{\varepsilon}$ /s^{-1}	温度 T/℃	σ_p/MPa	σ_c/MPa	ε_p	ε_c	ε_m	ε_{ss}	σ_{ss}/MPa
0.005	250	103.520	68.520	0.1642	0.039	0.36	0.056	88.314
	300	79.2853	67.402	0.082	0.037	0.237	0.043	59.904
	350	57.4644	43.869	0.0526	0.032	0.196	0.035	43.168
	400	39.8535	26.558	0.0342	0.029	0.193	0.029	29.475
	450	22.0711	18.885	0.027	0.028	0.192	0.024	21.517
0.05	250	146.841	65.496	0.202	0.073	0.464	0.088	62.487
	300	97.1785	64.791	0.17	0.037	0.359	0.068	65.998
	350	61.6085	47.635	0.099	0.028	0.186	0.055	23.365
	400	45.7114	36.281	0.085	0.033	0.179	0.045	38.286
	450	36.2490	29.324	0.129	0.039	0.327	0.039	30.972
0.5	250	199.295	149.92	0.210	0.086	0.527	0.139	148.35
	300	137.854	102.9	0.223	0.08	0.429	0.107	103.11
	350	98.9291	79.827	0.153	0.05	0.383	0.086	75.366
	400	68.9977	52.469	0.142	0.036	0.182	0.072	56.400
	450	53.1793	41.504	0.117	0.034	0.234	0.061	44.072

续表 3-1

应变速率 $\dot{\varepsilon}$/s^{-1}	温度 T/℃	σ_p/MPa	σ_c/MPa	ε_p	ε_c	ε_m	ε_{ss}	σ_{ss}/MPa
5	250	209.108	152.07	0.269	0.17	0.204	0.220	150
	300	177.918	117.12	0.232	0.136	0.103	0.169	97.471
	350	124.251	81.178	0.249	0.14	0.207	0.137	80.632
	400	70.8678	52.715	0.212	0.07	0.207	0.113	50.115
	450	61.5472	42.221	0.180	0.072	0.158	0.097	42.471

分析表 3-1 数据可知临界应变与峰值应变之间存在线性关系，设定系数 c 如下：

$$\varepsilon_c = c\varepsilon_p \tag{3-7}$$

通过表中数据进行线性拟合（见图 3-12），曲线的斜率即为 c 值，取其平均值得到 c 值为 0.57。进而得到最终表达式：

$$\varepsilon_c = 0.57\varepsilon_p \tag{3-8}$$

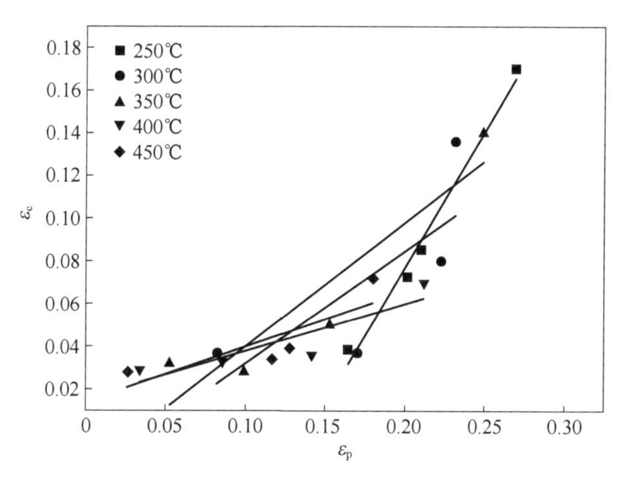

图 3-12 挤压态镁合金 DRX 的临界应变 ε_c-峰值应变 ε_p 曲线

相比其他材料 DRX 发生的临界应变模型，本章构建的要比其模型中系数小，这是因为低层错能的镁合金相位错扩展宽度较宽，位错容易缠结，导致位错密度升高，储存能增加，再结晶驱动力增加，易发生再结晶。本章结合应变速率 0.05s^{-1}、400℃不同应变量分析 DRX，根据本节得到的临界应变模型可计算出对应的临界应变值为 0.1，文献 [9] 认为镁合金峰值应变的

80%为动态再结晶的临界应变，应用到本章中得到临界应变为0.21，结合前文中的微观组织发现在应变为0.2时就有少量的DRX晶粒了，进一步验证本章构建的临界应变模型更加准确，可以应用到实际生产中预测和调控微观组织。

3.2.2 动态再结晶动力学模型

许多研究者基于Avrami方程提出了材料DRX模型。Li等[10]使用下面方程构建镁合金DRX动力学模型：

$$X_{DRX} = 1 - \exp\left[-k\left(\frac{\varepsilon - \varepsilon_c}{\varepsilon_c}\right)\right]^n \tag{3-9}$$

式中 ε_c——临界应变；

k，n——材料常数；

X_{DRX}——动态再结晶体积分数。

Lv等[11]用下式求解动态再结晶模型：

$$X_{DRX} = 1 - \exp\left[-k\left(\frac{\varepsilon - \varepsilon_c}{\varepsilon_m}\right)^n\right] \tag{3-10}$$

式中 ε_m——最大动态软化应变。

Kim等[12]提出动态再结晶动力学模型如下：

$$X_{DRX} = 1 - \exp\left[-\left(\frac{\varepsilon - \varepsilon_c}{\varepsilon_m}\right)^n\right] \tag{3-11}$$

Stewart等[13]用式（3-12）表示动态再结晶动力学模型，并且发现ε_m为DRX发生50%对应的应变值，并利用微观组织加以证实。

$$X_{DRX} = 1 - \exp\left[-0.693\left(\frac{\varepsilon - \varepsilon_c}{\varepsilon_m - \varepsilon_c}\right)^2\right] \tag{3-12}$$

本章在以上模型基础上，采用下面方程构建更加精确的镁合金动态再结晶动力学模型：

$$X_{DRX} = 1 - \exp\left[-k\left(\frac{\varepsilon - \varepsilon_c}{\varepsilon_m - \varepsilon_c}\right)^n\right] \tag{3-13}$$

对式（3-13）两边取两次对数得到：

$$\ln[-\ln(1 - X_{DRX})] = \ln K + n\ln\left(\frac{\varepsilon - \varepsilon_c}{\varepsilon_m - \varepsilon_c}\right) \tag{3-14}$$

为了求解上述DRX动力学模型，需确定材料系数及最大动态软化应变ε_m。

先确定最大动态软化应变 ε_m，需绘制硬化率 θ 与应变 ε 之间的关系曲线，曲线中极小值点对应的数值为 ε_m 值，此点相应的动态软化速率最大[14]。图 3-13 为不同应变速率不同温度下的 θ-ε 图，同样 θ-ε 曲线呈三次多项式关系，通过多项式拟合得到表达式后对 ε 求二阶导数，令其等于 0 得到 ε_m 统计到表 3-1 中。

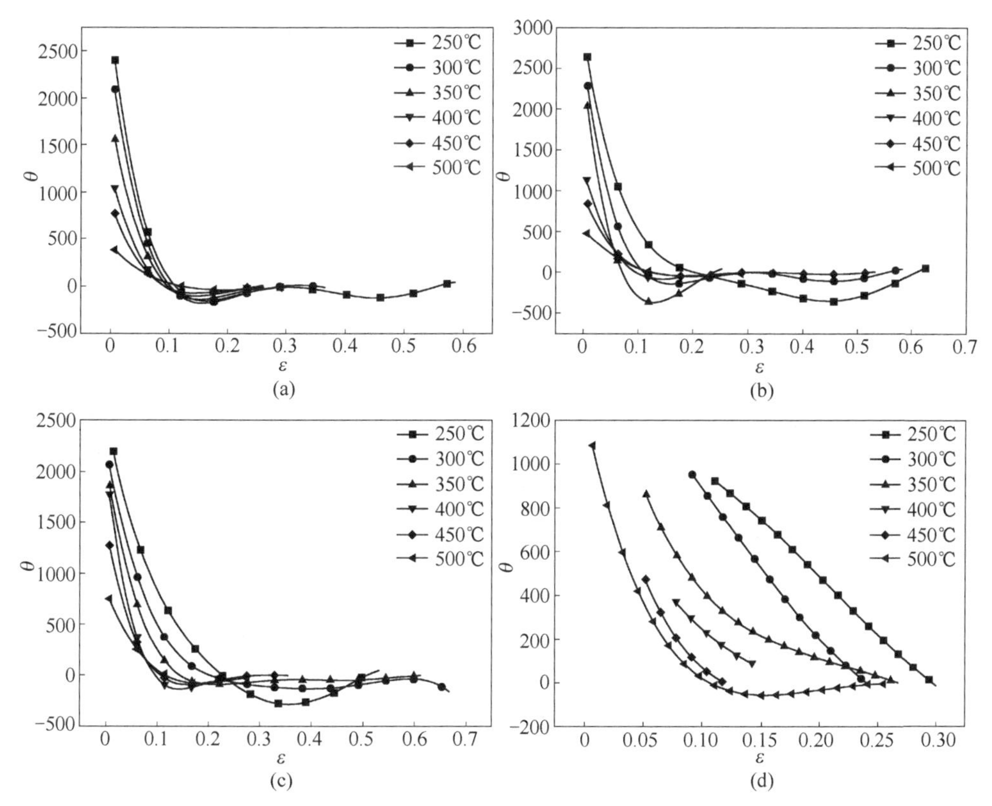

图 3-13　不同温度、应变速率下应变硬化速率 θ-流变应变 ε 曲线

（a）应变速率 $0.005s^{-1}$；（b）应变速率 $0.05s^{-1}$；（c）应变速率 $0.5s^{-1}$；（d）应变速率 $5s^{-1}$

计算材料系数需要求解各变形条件下的 X_{DRX}。Jonas 等引入虚拟动态回复应力 σ_{recov} 与瞬时流动应力（发生 DRX 的流动应力）表示动态软化作用，即

$$X_{DRX} = \frac{\sigma_{recov} - \sigma}{\sigma_{sat} - \sigma_{ss}} \tag{3-15}$$

本书考虑到镁合金是低层错能金属，在热成形过程主要是 DRX 发挥主要的作用，故在计算 DRX 体积分数时用峰值应力代替虚拟回复应力。简化公式为：

$$X_{DRX} = \frac{\sigma_p - \sigma}{\sigma_p - \sigma_{ss}} \tag{3-16}$$

式中 σ_p——峰值应力；

σ——发生动态再结晶的临界应力；

σ_{ss}——动态再结晶稳态应力。

动态再结晶稳态应力 σ_{ss} 由图 3-9 中 θ-σ 曲线得到，镁合金在热变形过程中应变硬化率 θ 随着 DRX 的进行逐渐降低。当 θ 为 0 达到峰值应力，θ 再次为 0 时处于稳定状态对应的应力即为 σ_{ss}，相应的应变为稳态应变 ε_{ss}，将其统计到表 3-1 中。

根据第 2 章得到最优工艺参数范围，本章选取 400℃、应变速率为 $\dot{\varepsilon}$ = $0.05s^{-1}$ 构建镁合金热变形过程中 DRX 动力学模型，选取适当的流动应力（44.75659MPa、43.64784MPa、42.41297MPa、40.65095MPa、40.13977MPa、39.28085MPa、38.66769MPa、38.31053MPa）计算相应的动态再结晶体积分数并统计于表 3-2 中。

表 3-2 镁合金 AZ31 在特定变形条件下动态再结晶体积分数与应力及应变关系

	X_{DRX}	σ/MPa	ε	$\ln[-\ln(1-X_{DRX})]$	$\ln\left(\frac{\varepsilon-\varepsilon_c}{\varepsilon_m-\varepsilon_c}\right)$
T=400℃ $\dot{\varepsilon}=0.05s^{-1}$ $\varepsilon_c=0.033$ $\varepsilon_m=0.179$	0.116285	44.75659	0.1195	-2.0905299	-0.52346
	0.267719	43.64784	0.1336	-1.166062902	-0.37245
	0.436378	42.41297	0.1476	-0.556220984	-0.24216
	0.677035	40.65095	0.1687	0.122405688	-0.07316
	0.746853	40.13977	0.1757	0.317568237	-0.02286
	0.864164	39.28085	0.1898	0.691299197	0.07136
	0.947910	38.66769	0.2039	1.08342262	0.15747
	0.996691	38.31053	0.2179	1.742395226	0.23621

通过线性拟合得到图 3-14，ln$k$ 为曲线的截距，n 为曲线的斜率，得到 n=4.68808，ln$k$=0.46871，将得到的参数代入到式（3-13）得到特定条件下的 DRX 动力学模型：

$$X_{DRX} = 1 - \exp\left[-1.5979\left(\frac{\varepsilon - 0.033}{0.146}\right)^{4.68808}\right] \tag{3-17}$$

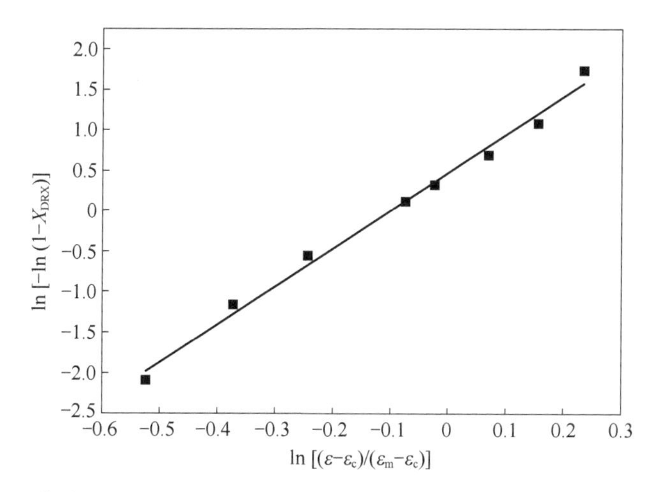

图 3-14 曲线 $\ln[-\ln(1-X_{DRX})]-\ln[(\varepsilon-\varepsilon_c)/(\varepsilon_m-\varepsilon_c)]$ 的线性拟合过程

3.2.3 动态再结晶晶粒尺寸模型

上文已经对镁合金在不同变形条件下组织演变进行了分析，得知温度、应变速率对组织动态再结晶晶粒有很大影响。从流变曲线可知，压缩 50%后已经进入了稳定状态。从热加工角度，特别是对斜轧过程来说，稳定状态得到的晶粒尺寸更能反映实际轧制过程中晶粒尺寸。采用截距法对最终的组织再结晶晶粒尺寸进行统计，见表 3-3。

表 3-3 镁合金 AZ31 在不同变形条件下动态再结晶晶粒尺寸 (μm)

应变速率/s^{-1}	变形温度 T/℃				
	250	300	350	400	450
0.005	4.71	8.28	9.66	10.75	14.32
0.05	3.45	7.17	8.42	9.23	13.24
0.5	2.13	6.13	6.38	8.55	12.11
5	1.08	4.53	5.03	6.78	10.12

同样，采用 Arrhenius 形式公式构建动态再结晶晶粒尺寸模型：

$$d_{DRX} = a\dot{\varepsilon}^{b}\exp\left(-\frac{Q}{RT}\right) \tag{3-18}$$

通过线性拟合求解方程中参数，拟合过程如图 3-15 所示，得到参数 $a=455.56$，$b=-0.10155$，$Q=22681$J。将参数代入方程式（3-18）得到晶粒尺寸模型：

$$d_{\mathrm{DRX}} = 455.56\dot{\varepsilon}^{-0.10155}\exp\left(-\frac{22681}{RT}\right) \tag{3-19}$$

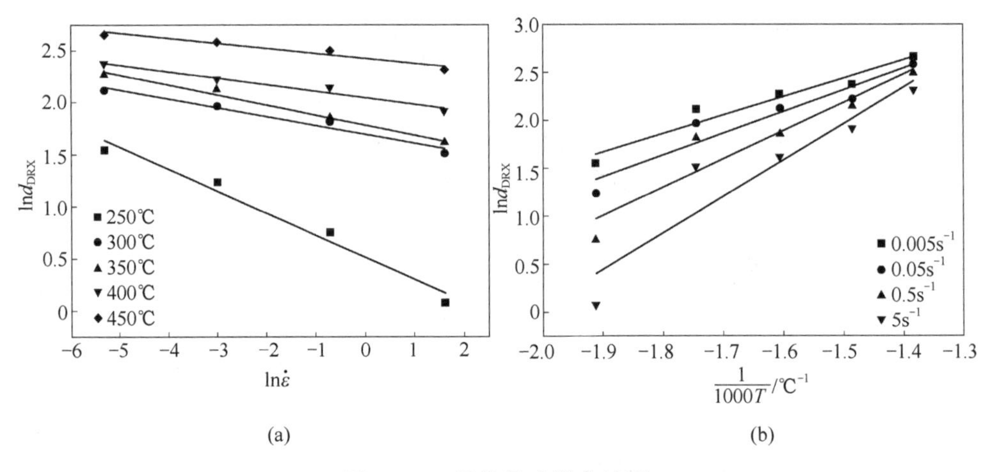

图 3-15 晶粒尺寸拟合过程

（a）$\ln d_{\mathrm{DRX}}-\ln\dot{\varepsilon}$；（b）$\ln d_{\mathrm{DRX}}-\frac{1}{1000T}$

3.3 微观组织晶粒取向及织构演变

3.3.1 原始挤压态镁合金微观晶粒取向分析

本章采用原料为挤压棒材，图 3-16 采用 EBSD 方法检测其晶粒取向，样品实验过程见第 2 章所述。图 3-16（a）为原料试样微观组织晶粒取向 IPF 图，红色代表基面取向｛0001｝，绿色和蓝色代表柱面取向。从图中可以看到原始材料呈不均匀等轴状晶粒分布，存在明显的晶粒取向且取向不均匀，分布不同的基面织构、柱面织构。织构组分需结合极图、反极图进行判断。图 3-16（b）为相邻晶粒取向差，从图中可以看到大小角度晶界共存，在（2°~5°）和（80°~90°）范围内出现局部峰值。而 2°~5°晶界属于小角度晶界，由于晶粒发生基面滑移，最终导致基面织构的出现，此外，也说明形成亚晶（亚晶属于小角度晶界）。而 80°~90°间旋转轴绝大部分集中在$\langle\bar{1}2\bar{1}0\rangle$附近，这种取向与拉伸孪晶取向 86.3°/<1210>（±5°的偏差）相符，表明形成了明显的拉伸孪晶。

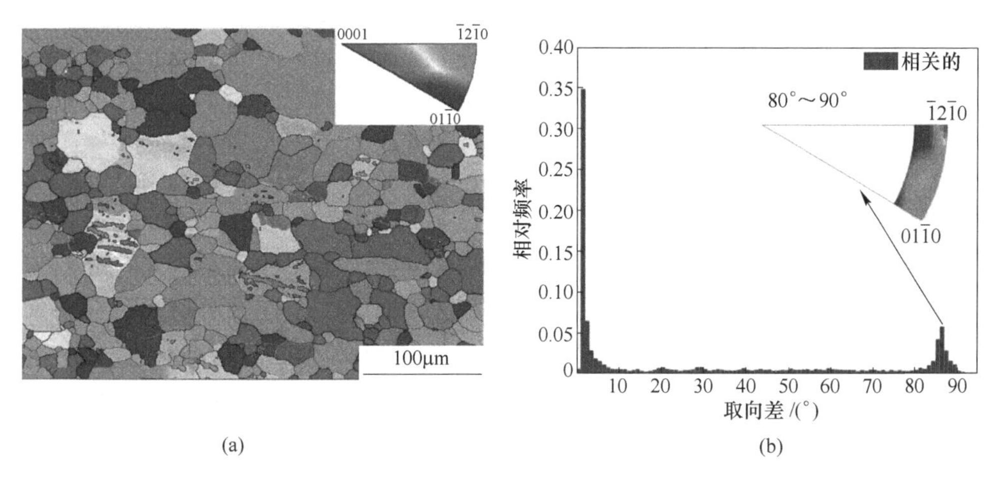

图 3-16 原始挤压态镁合金的 EBSD 图

(a) IPF 取向图；(b) 取向差

扫一扫
看彩图

图 3-17 为挤压态镁合金极图，图中 X 方向为原料的挤压方向，Y 方向为横向方向，垂直于 X-Y 面方向为挤压面法向方向，即 ND 方向。从图中可以看到原料是由混合织构组成，主要织构成分为：基面织构 $\{0001\}$ $\langle 10\bar{1}0\rangle$、柱面织构 $\{11\bar{2}0\}$ $\langle 10\bar{1}0\rangle$，基面织构 $\{0001\}$ $\langle 10\bar{1}0\rangle$主要是由于基面滑移和（$10\bar{1}2$）锥面拉伸孪晶所致。部分晶粒的基

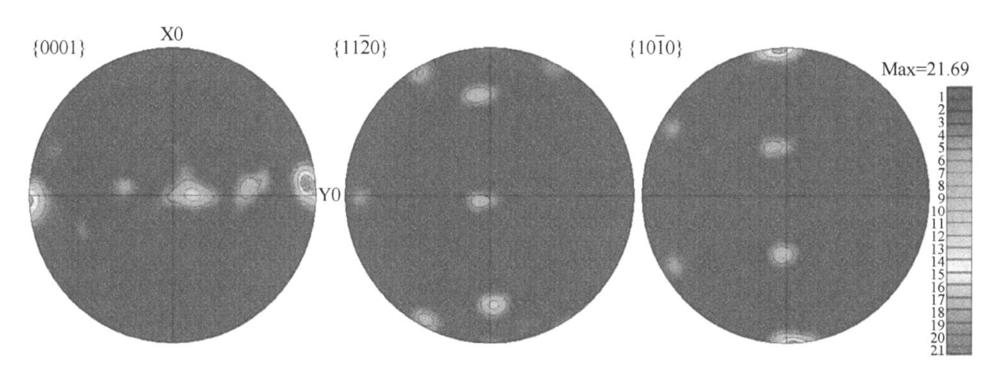

图 3-17 原始挤压态镁合金的极图

扫一扫
看彩图

面平行于挤压方向，且晶向$\langle 10\bar{1}0\rangle$平行于挤压轴，极密度达到 13；柱面织构要比基面织构密度强，最大极密度达到 21.69，很大一部分晶粒的柱面 $\{11\bar{2}0\}$ 平行于挤压方向，晶向$\langle 10\bar{1}0\rangle$平行于挤压轴。此外，还存在少量的其他柱面织构，其晶面与 ND 方向呈 45°

夹角，与 ED 方向呈 85°夹角，进一步证实了图 3-16 中晶粒取向分布情况。

3.3.2 不同温度的组织晶粒取向及织构演变

取应变速率 $0.05s^{-1}$、应变量 0.65 条件下不同温度的压缩试样进行取向分析。图 3-18 显示了不同温度下试样微观组织晶粒取向及取向差分布情况。相比图 3-16 中原始组织晶粒的取向，从图 3-18（a）中可以看到，在原始粗大晶粒内部出现了不同的颜色，说明存在取向梯度，这是由于大晶粒内部形成了亚结构，在应力集中较严重的晶界附近形成小角度晶界，正如图 3-18（b）中的取向差在 2°附近达到局部峰值，随着加工的进程，小角度亚晶界逐渐转变为大角度晶界发生 DRX，而亚晶发生转动使原使晶粒取向发生变化，原来的粗大的晶面取向晶粒被碎化成细小的基面取向晶粒，总体概率比原始态的减少。从图 3-19（a）的极图中看到基面织构强度变得很弱，且角度也偏离了 ND 方向。图 3-18（b）中的取向差相比原料没有发生拉伸孪晶

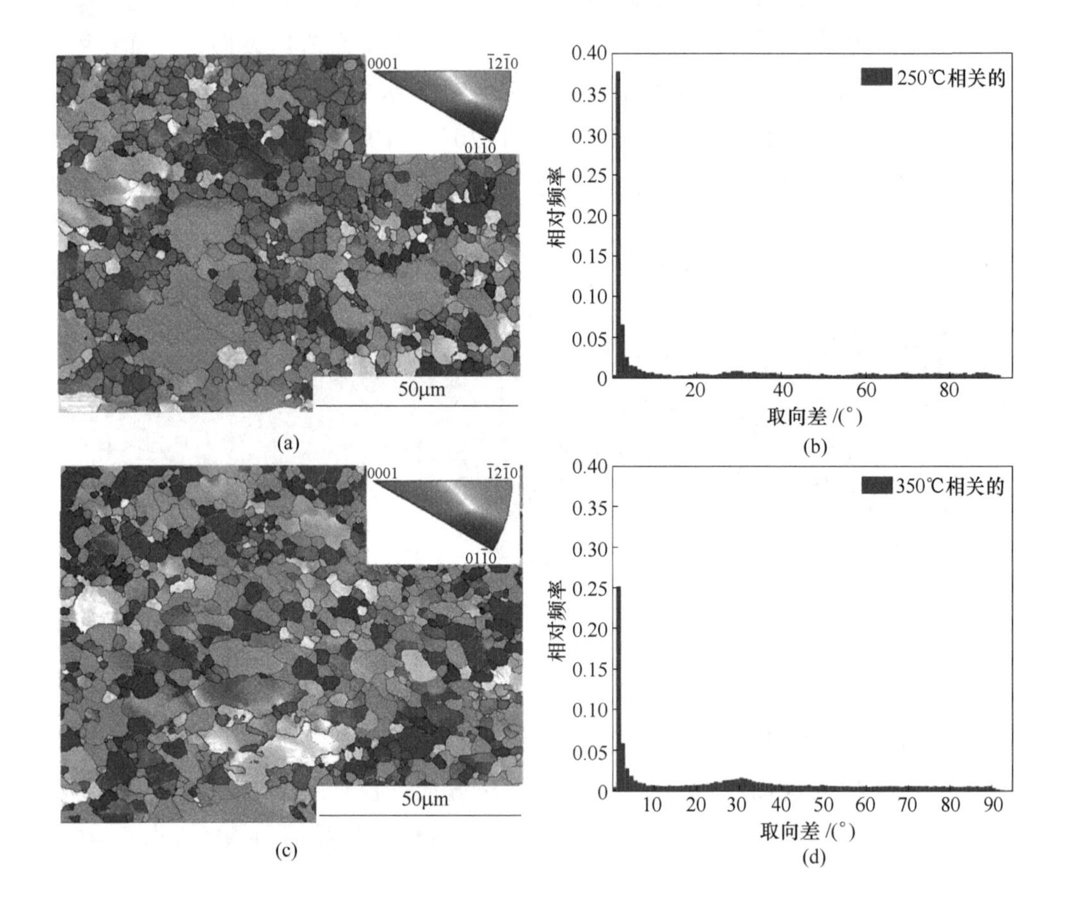

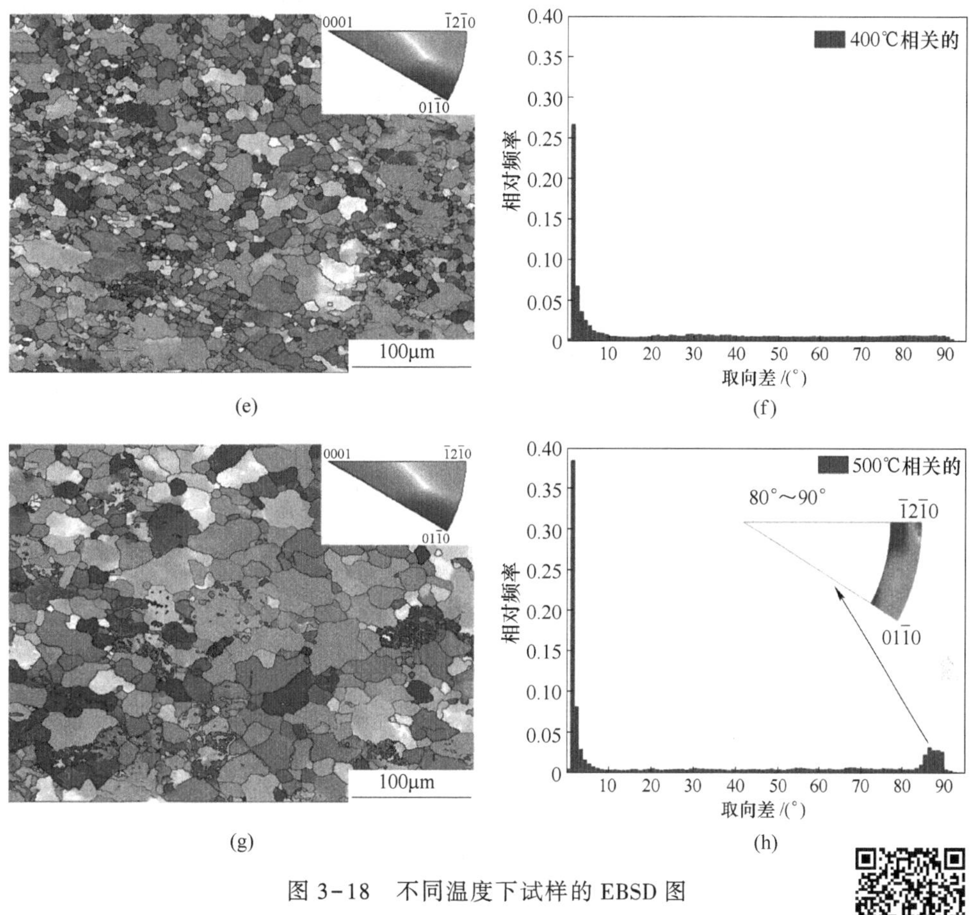

图 3-18 不同温度下试样的 EBSD 图

（a）250℃的 IPF 取向图；（b）250℃取向差；（c）300℃的 IPF 取向图；（d）300℃取向差；（e）400℃的 IPF 取向图；（f）400℃取向差；（g）500℃的 IPF 取向图；（h）500℃取向差

扫一扫
看彩图

现象，这时大部分的晶粒的 c 轴偏离压缩轴方向，处于不利于拉伸孪晶发生的方向。温度 300℃压缩后晶粒取向图 3-18（c）中基本没有红色，表明晶粒基面取向消失，只剩柱面取向。对应的极图 3-19（b）中也可以观察到基面织构消失，只剩与 CD 方向呈 60°的柱面织构。随着温度的升高，部分柱面滑移被激活，使晶面发生转动，形成柱面织构。取向差图 3-18（d）相比图 3-18（b），小角度晶界含量较少，在取向差角 30°附近出现频率局部峰值，而从相应 IPF 取向图中可以看到，在粗大长条晶粒的锯齿晶界附近出现 DRX 晶粒，这是小角度亚晶持续转动导致大角度晶界形成 DRX，可能产生了动态再结晶织构，类似的现象在刘迪[15] 的博士论文中提到过。温度400℃压缩后晶粒取向图中又开始出现少量红色基面取向，以及介于$\{0001\}$晶面取向与$\{\bar{1}2\bar{1}0\}$和$\{01\bar{1}0\}$晶面取向之间的晶面取向。这是由于400℃温度下激活了非基面滑移，特别是锥面滑移，能更好协调相邻晶粒间变形，使原始取向漫散，减小镁合金晶体的塑性各向异性。从极图3-19（c）中明显看到取向随机化增加，进一步证实此温度下可以产生利于变形的织构，而原始的导致各向异性的基面织构消失，其他不利取向更随机化。随着温度的升高，DRX更容易发生，小角度晶界逐渐转变为大角度晶界，400℃时DRX充分完成，但仍能看到有小角度晶界，这是由于此温度下晶粒内部储能高可诱导二次再结晶形核。

温度500℃，晶粒尺寸明显增大，动态再结晶晶粒长大，相应的再结晶织构变强，在图3-19（d）极图中发现偏转ND方向45°HJ2mm产生强的双峰织构。取向差图3-18（h）与原态相似，80°~90°间旋转轴绝大部分集中在$<\bar{1}2\bar{1}0>$附近，与拉伸孪晶取向86.3°/<1210>（±5°的偏差）相符，存在大量拉伸孪晶。此现象同时在晶界图中可观察到（见图2-24）。此温度下的小角度晶界含量增加，不仅有基面滑移，拉伸孪晶，还存在锥面滑移和柱面滑移，最后形成了较强的织构。

图3-19为不同温度下压缩试样的极图。为了与原态织构进行对比，水平方向为TD方向，垂直方向为CD方向（此方向为金属流动方向），垂直TD-CD面方向为ND方向。相比原态织构，250℃的压缩试样的基HJ2mm面织构$\{0001\}$ $<10\bar{1}0>$消失，最强极密度由原本的21.69降到9.2，柱面织构$\{11\bar{2}0\}$ $<10\bar{1}0>$继续偏向CD方向，从$\{10\bar{1}0\}$极图中看到织构明显减弱。300℃织构发生变化，原来的柱面织构消失，新组分面织构形成。新形成的织构组分，一部分是柱面织构，其晶面偏转ND方向90°，偏转CD方向50°左右，观察$\{11\bar{2}0\}$和$\{10\bar{1}0\}$极图能确定是晶面$\{11\bar{2}0\}$和$\{10\bar{1}0\}$的织构，另一部分织构晶面偏转ND方向65°，偏转CD方向80°，接近于$\{0\bar{1}11\}$晶面的织构，最强极密度达到4.89，小于250℃的织构极密度强度。400℃时柱面$\{11\bar{2}0\}$和$\{10\bar{1}0\}$的织构极密度减弱为2，同时出现新织构组分，接近$\{\bar{1}\bar{1}22\}$和$\{1\bar{2}12\}$锥面织构类型，且最强极密度达到4.54，稍小于300℃的织构极密度。说明此温度下锥面滑移处于软取向被激活，成

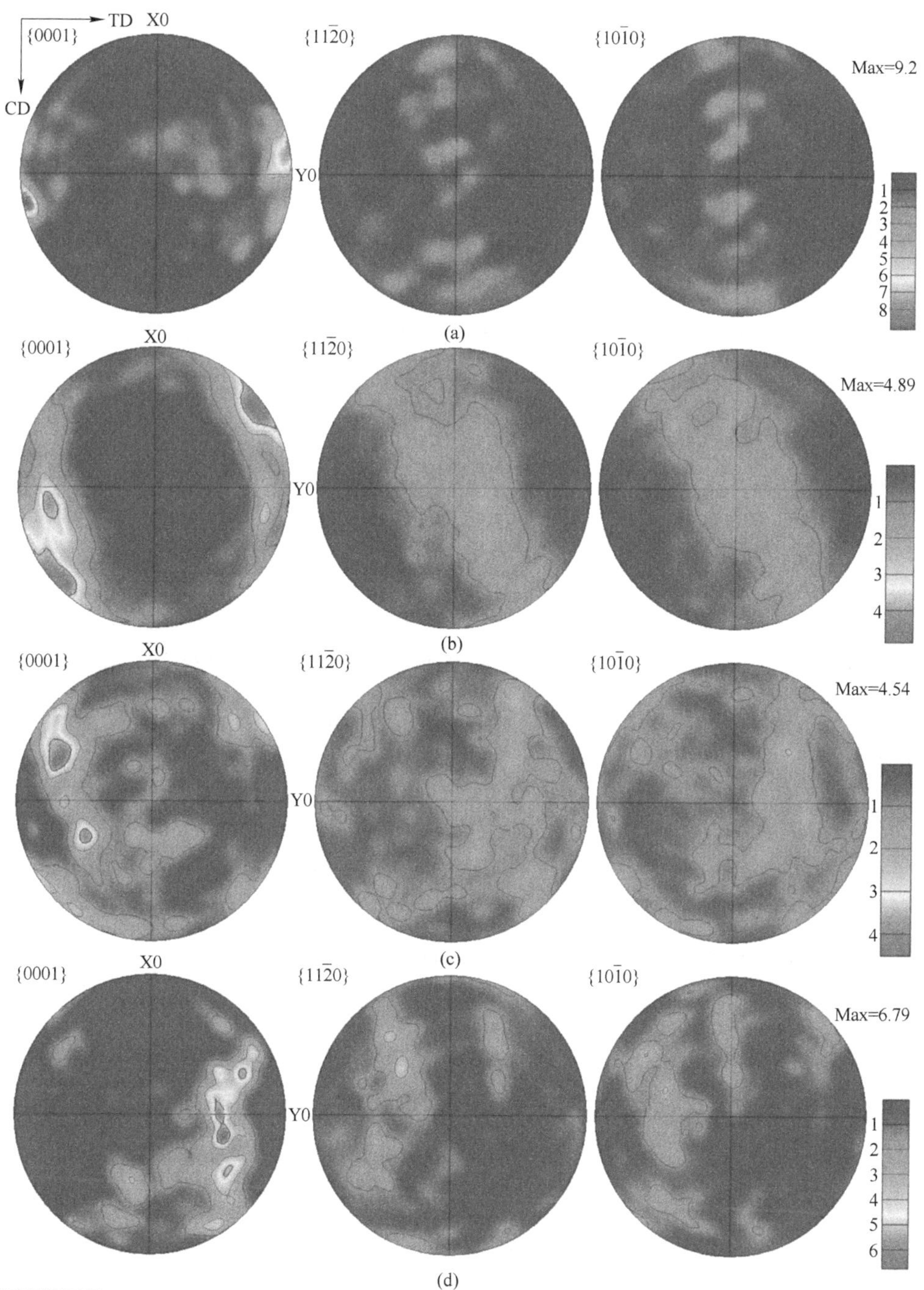

图 3-19 不同温度下试样的极图

(a) 250℃；(b) 300℃；(c) 400℃；(d) 500℃

扫一扫
看彩图

了主要的变形机制，同时此温度下再结晶择优形核比较充分，相应的 $\{\bar{1}\bar{1}22\}$ 和 $\{1\bar{2}12\}$ 锥面织构为再结晶织构。500℃下试样的柱面 $\{11\bar{2}0\}$ 和 $\{10\bar{1}0\}$ 的织构消失，出现了新双峰锥面织构 $\{01\bar{1}1\}$ 和锥面织构 $\{\bar{1}2\bar{1}2\}$、$\{11\bar{2}2\}$ 以及少量的 $\{10\bar{1}0\}$ 柱面织构。取向差图 3-18（h）中发现存在 86.3°的拉伸孪晶，部分晶粒转动了近似 90°角，以及 DRX 晶粒要择优长大形成再结晶织构，相应的 $\{01\bar{1}1\}$ 和锥面织构 $\{\bar{1}2\bar{1}2\}$、柱面织构 $\{11\bar{2}2\}$ 为再结晶织构。最大极密度达到 6.79，高于 300℃和 400℃下的极密度强度。原子活动能力随着变形温度的升高而增强，激活潜在的柱面和锥面等滑移系，镁合金的织构组成变复杂，且锋锐程度也发生变化。

显然，温度对织构有显著的影响，主要表现在晶粒 c 轴偏转不同的角度。因此考虑 c 轴偏转角度问题时，主要考虑基面滑移和非基面滑移启动情况，需分析不同温度变形后的基面滑移、柱面滑移和锥面滑移的取向因子，即 Schmid 因子。

图 3-20 为原料及不同温度压缩下试样的 Schmid 因子变化。从图 3-20（a）可以看出，由于原料中存在基面织构，在 250℃下，平均 Schmid 因子为 0.145。温度升高到 300℃时晶粒内部也没有明显的拉伸孪晶出现，则在基面滑移难启动的情况下孪晶也不能协调变形，此时相邻晶粒间变形不协调，在晶界处产生应力集中，导致旋转动态再结晶的产生，新形成的 DRX 晶粒与原始晶粒取向不同，有滑移的进行。随着温度继续升高，非基面滑移的启动及亚晶粒的转动使得原来的基面织构消失，基面的平均 Schmid 因子增大，利于镁合金发生塑性变形。原始态的柱面滑移 Schmid 因子为 0.135，相比基面滑移则更加困难，这是由于原料存在较强的柱面织构，即使 250℃时一些非基面滑移启动使得晶粒发生转动导致原来的柱面织构极密度由原来的 21.69 降到 9.2，但柱面滑移仍然处于硬取向。当温度升高到 400℃时，原来的柱面织构消失，而一些动态再结晶织构形成，此时柱面平均 Schmid 因子为 0.475，是此温度的基面滑移平均 Schmid 因子的 1.2 倍，表明柱面滑移变为软取向，可以被启动。图 3-20（c）中锥面滑移的平均 Schmid 因子随着温度升高微降，到 500℃后微升，这是由于原料中没有锥面织构存在，在 250℃锥面处于软取向，随着温度升高，能量增加使其 Schmid 因子增大。从图 3-20（d）中看到 300℃后基面滑移与锥面滑移平均 Schmid 因子波动平

缓，而柱面滑移波动较大，400℃最大为0.45，说明此温度形成的动态再结晶没有影响柱面滑移的进行。总之，影响热变形织构的因素很多，除了加工方式和温度外，还有应变量、加热速度、初始织构、初始晶粒尺寸、层错能以及材料本身含的杂质元素等，影响机制比较复杂。镁合金热加工过程中内部主要存在两种微观机制，以位错运动为主，伴随基体缺陷增加的塑性变形；动态再结晶机制。两种机制在热加工过程中同时或交替作用，导致实际加工过程的微观机制复杂。而塑性变形过程产生变形织构，DRX过程形成DRX织构，这两种织构同时或交替进行，相互促进或抑制，影响织构的最终组分与极密度强度。加工方式不同产生的织构不同，且对成品的性能产生重要影响。在后续的斜轧穿孔实验中将深入研究此热加工方式下产生的织构，以及织构与性能的关系。

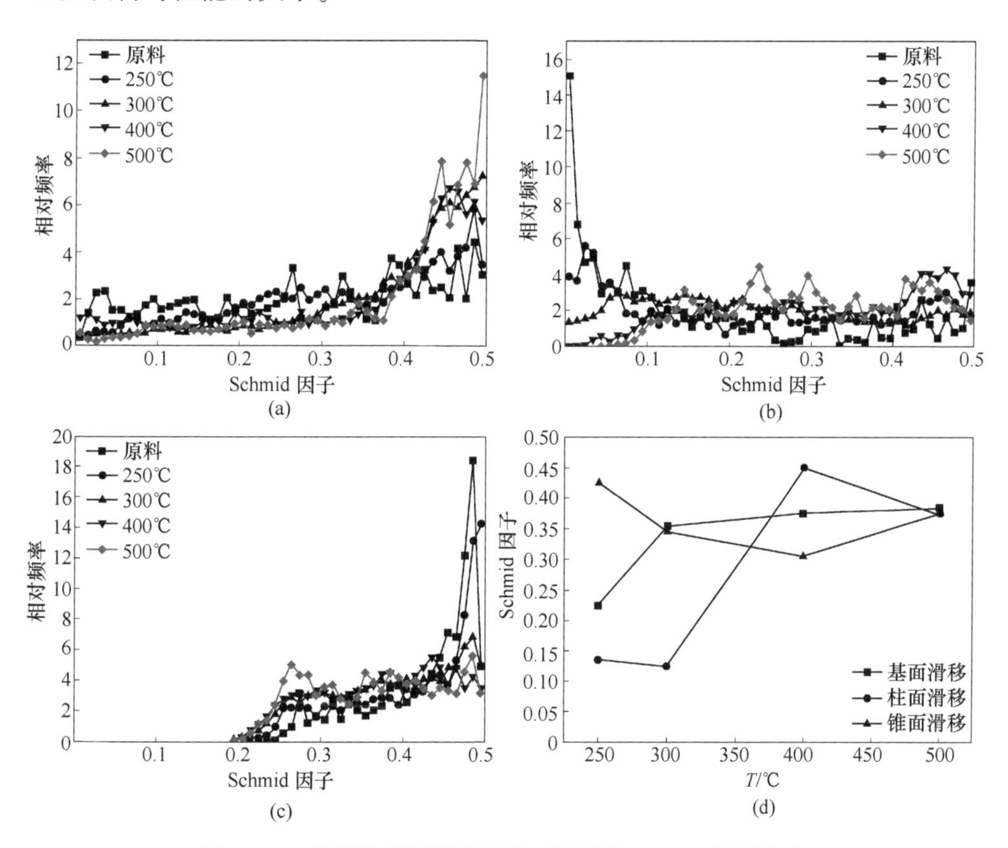

图3-20 原料及不同温度压缩下试样的Schmid因子变化

(a) 基面；(b) 柱面；(c) 锥面；(d) 平均Schmid

3.3.3 不同应变量的组织晶粒取向及织构演变

图 3-21 为温度 400℃、应变速率 $0.05s^{-1}$ 的不同应变量下的相邻晶粒间取向差分布。20%应变量下，大角度晶界比例达到 41.3%，大部分晶界为小角度晶界，变形初期，由于材料存在基面织构且动态再结晶不完全而存在大量的小角度亚晶。DRX 体积分数随着应变量增大而增加。应变量 40%，原来的基面取向逐渐偏向 TD 而较弱，随着动态再结晶的发生逐渐形成柱面织构，图 3-21（b）中在 30°附近取向差分布达到峰值，说明形成的大角度 DRX 晶界大部分处在 30°，相应极图 3-22（b）原始的基面织构消失，柱面织构减弱并偏离原取向 30°。60%应变量下，大角度晶界比例增加到 68.5%，从图 3-21（c）中可以看到大角度晶界分布较均匀。随着压缩量的增加，大角度晶界继续增加到 71.9%，图 3-21（d）中大角度晶界在 30°出现明显峰值，65°的大角度晶界基本消失，相应的极图 3-22（d）中 DRX 柱面织构变强。

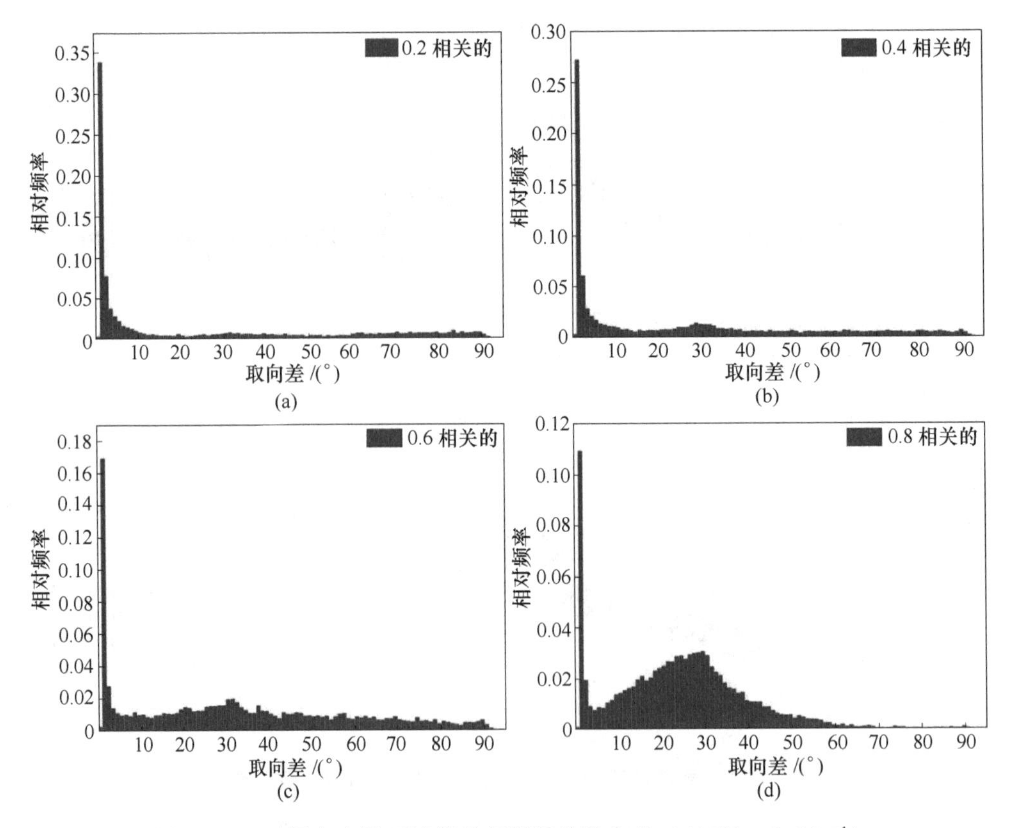

图 3-21 不同应变量下试样的相邻晶粒取向差（400℃、$0.05s^{-1}$）
（a）20%；（b）40%；（c）60%；（d）80%

图 3-22 为不同应变量下压缩试样的极图。20%应变量下，原始基面织构向 TD 方向偏转，漫散度增加，织构强度减弱。压缩量 40%只剩下柱面织构，基面织构消失，且织构最强极密度减小，形成 {$\bar{1}2\bar{1}0$} 和 {$01\bar{1}0$} 柱面织构。从应变量 40%到 60%，织构最强极密度基本不发生变化，织构组分也没有发生变化，但是大角度晶界增多了。80%应变量后，柱面织构开始向 CD 方向偏转，全部转化为 {$\bar{1}2\bar{1}0$} 柱面织构，且最强极密度增强，30°大角度晶界增多，说明与 DRX 的柱面织构 {$\bar{1}2\bar{1}0$} 增强相关。总之，在 400℃、$0.05s^{-1}$ 变形条件下采用不同压缩量压缩试样后，原始基面织构消失，而柱面织构先减弱后出现增加趋势，织构组分没有发生太大变化。相比之下，织构的形成与强度主要受温度和变行方式的影响。本章研究的镁合金单向载荷下不同变形条件形成的织构，通过分析可知原始晶粒取向的 c 轴发生了偏转，特别是 400℃温度下的基面织构完全消失，柱面织构发生变化同时强度减弱。而三辊斜轧穿孔稳态轧制时，镁合金受到三向压应力状态，同时轧辊带动管坯旋转会施加扭矩，理论上认为，此种受力情况下基面取向晶粒的 c 轴势必会偏转，原始的基面织构必然消失，但是由于变形复杂，柱面取向的晶粒 c 轴的偏转角度会由于工艺参数不同而各异，基于此，后续将深入研究本斜轧穿孔工艺下镁合金织构的形成以及与产品性能的关系。

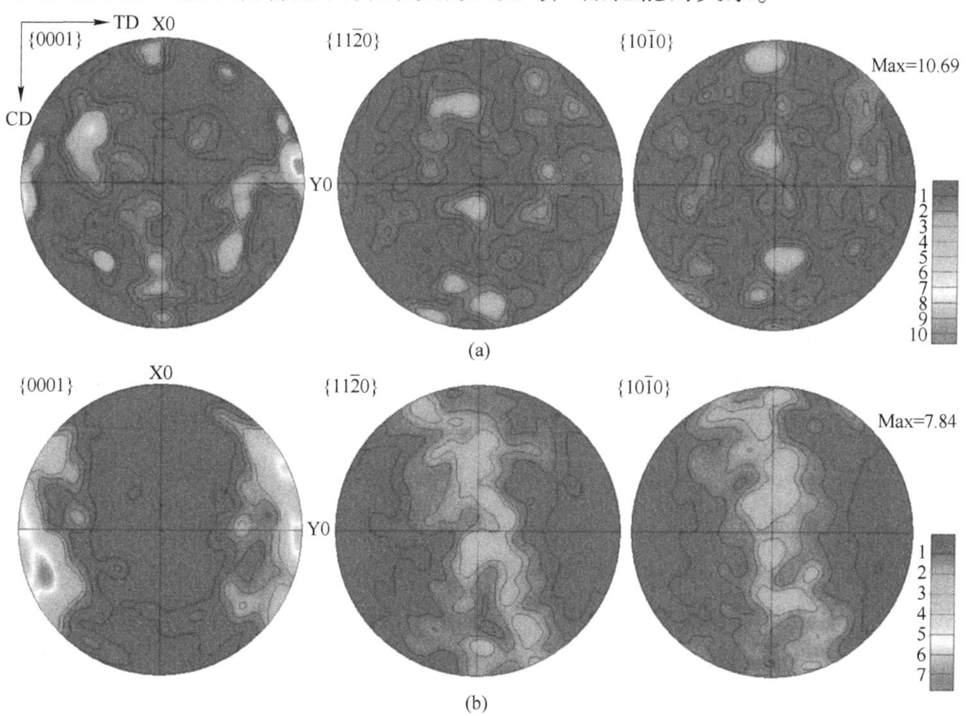

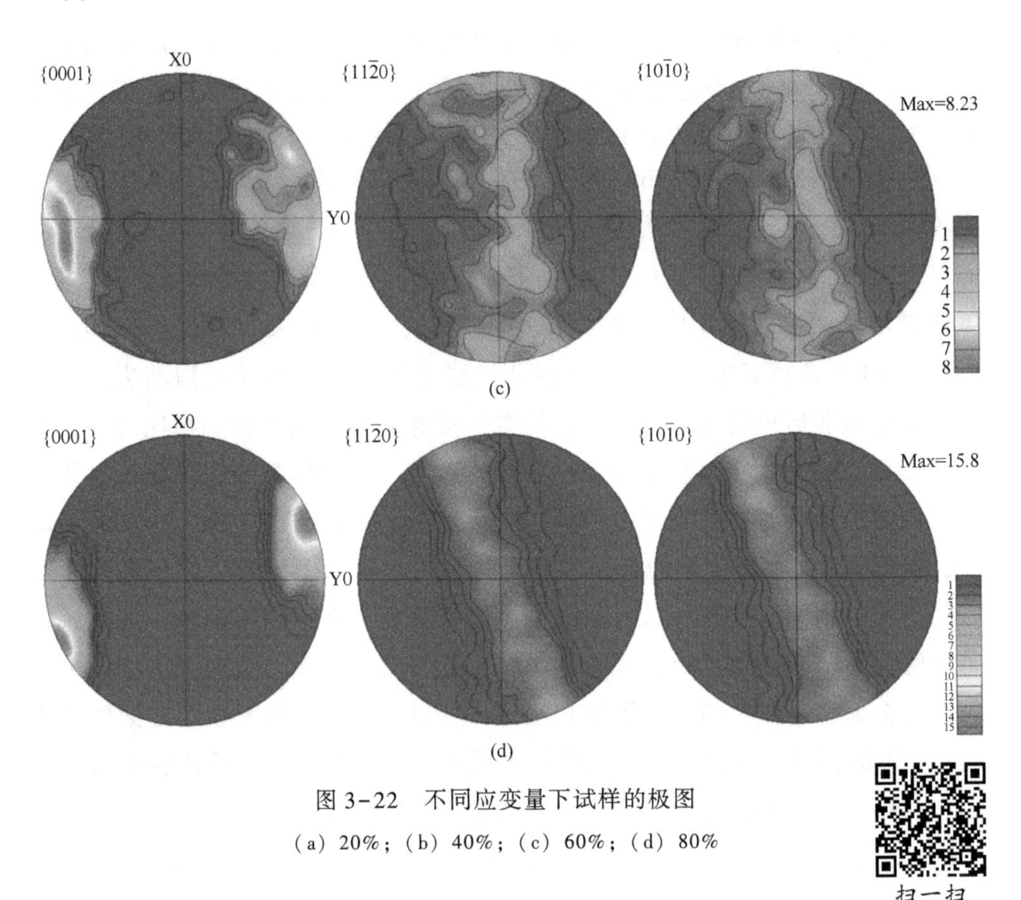

图 3-22　不同应变量下试样的极图

（a）20%；（b）40%；（c）60%；（d）80%

扫一扫
看彩图

3.4　本章小结

本章通过深入研究不同变形条件下镁合金的微观组织及织构演变规律，分析各变形参数对组织和织构的影响规律，发现不同温度下镁合金的 DRX 机制不同，400℃温度下，柱面、锥面等非基面滑移增强，晶粒发生转动，促进基面滑移。当应变速率较大时，变形时间短，镁合金内部组织来不及发生完全动态再结晶；当应变速率较小时，变形时间长，动态再结晶有充足时间可充分进行，然而组织内部晶粒长时间处于高温，存在晶粒粗化和长大的趋势；当应变速率不超过 $0.5s^{-1}$ 时，镁合金在变形过程中 DRX 既充分进行，同时晶粒不易长大。随着应变量的增加，DRX 体积分数增加，当应变量达到 60%后，DRX 体积分数达到 70%以上，DRX 充分完成。随着温度升高，原始基面织构减弱并逐渐消失，400℃时锥面滑移处于软取向被激活，成为主要的变形机制。此外，织构的形成与强度主要受温度和变形方式的影响。

本章构建了挤压态镁合金微观组织预测模型，包括动态再结晶临界应变模型、动态再结晶动力学模型以及动态再结晶晶粒尺寸模型，后文通过微观组织实验验证本章构建的模型更加准确，可以应用到实际生产中预测和调控微观组织。

参考文献

[1] Sun Y, Hu L X, Ren J S. Modeling the constitutive relationship of powder metallurgy Ti-47Al-2Nb-2Cr alloy during hot deformation [J]. Journal of Materials Engineering and Performance, 2015, 24 (3): 1313-1321.

[2] 乔艳党. 纯镁温轧与冷拉拔中的动态再结晶织构及性能的研究 [D]. 哈尔滨: 哈尔滨工业大学, 2014.

[3] 万志鹏, 孙宇, 胡连喜, 等. TiAl基合金动态再结晶临界模型建立 [J]. 稀有金属材料与工程, 2018, 47 (3): 835-839.

[4] Ying H, Liu G W, Zou D N, et al. Deformation behavior and microstructural evolution of as-cast 904L austenitic stainless steel during hot compression [J]. Materials Science and Engineering A-Structural Materials Properties Microstructure and Processing, 2013, 565: 342-350.

[5] Poliak E I, Jonas J J. Critical strain for dynamic recrystallization in variable strain rate hot deformation [J]. Journal of Iron and Steel Research International, 2003, 43 (5): 692-700.

[6] Xu Y, Hu L X, Sun Y. Deformation behaviour and dynamic recrystallization of AZ61 magnesium alloy [J]. Journal of Alloys and Compounds, 2013, 580: 262-269.

[7] Xia Y F, Liu Y Y, Mao Y P, et al. Determination of critical parameters for dynamic recrystallization in Ti-6Al-2Zr-1Mo-1V alloy [J]. Transactions of Nonferrous Metals Society of China, 2012, 22 (s3): 668-672.

[8] Wang S L, Zhang M X, Wu H C, et al. Study on the dynamic recrystallization model and mechanism of nuclear grade 316LN austenitic stainless steel [J]. Materials Characterization, 2016, 118: 92-101.

[9] Barnett, Matthew R. Hot working microstructure map for magnesium AZ31 [J]. Materials Science Forum, 2003, 426-432: 515-520.

[10] Li H Z, Wang H J, Li Z, et al. Flow behavior and processing map of as-cast Mg-10Gd-4.8Y-2Zn-0.6 Zr alloy [J]. Materials Science and Engineering A-Structural Materials Properties Microstructure and Processing, 2010, 528 (1): 154-160.

[11] Lv B J, Peng J, Shi D W, et al. Constitutive modeling of dynamic recrystallization kinetics and processing maps of Mg-2.0Zn-0.3Zr alloy based on true stress-strain curves [J]. Materials Science and Engineering A-Structural Materials Properties Microstructure and Processing, 2013, 560: 727-733.

[12] Kim S I, Yoo Y C. Dynamic recrystallization behavior of AISI 304 stainless steel [J]. Materials Science and Engineering A-Structural Materials Properties Microstructure and Processing, 2001, 311 (1/2): 108-113.

[13] Stewart G R, Elwazri A M, Yue S, et al. Modelling of dynamic recrystallisation kinetics in austenitic stainless and hypereutectoid steels [J]. Metal Science Journal, 2013, 22 (5): 519-524.

[14] Shaban M, Eghbali B. Determination of critical conditions for dynamic recrystallization of a microalloyed steel [J]. Materials Science and Engineering A-Structural Materials Properties Microstructure and Processing, 2010, 527 (16/17): 4320-4325.

[15] 刘迪. AZ31镁合金多道次轧制板材的显微组织及力学性能 [D]. 哈尔滨: 哈尔滨工业大学, 2017.

4 镁合金无缝管轧制变形特征及数学模型

斜轧穿孔设备主要包括二辊和三辊穿孔机，斜轧穿孔目前广泛应用于无缝钢管生产中。在连轧管生产线上，由于它具有生产效率高、成材率高、成本低、易于实现自动化等特点，是连轧无缝钢管必不可少的变形环节[1]。鉴于镁合金塑性变形差，加工时容易产生裂纹[2]，本章主要讨论三辊斜轧穿孔生产镁合金无缝管工艺。

三辊斜轧穿孔原理[3]：三辊斜轧穿孔机工艺模型由三个桶形轧辊、顶头芯棒、实心坯料等构成，坯料被推杆推到由三个轧辊及顶头形成的孔型外端，轧辊轴线与坯料轴线在水平面内有个夹角为送进角，三个轧辊同速度同方向转动给坯料摩擦力将其拽入孔型中进行轧制，此时为一次咬入。孔型直径最小处称为孔喉，顶头前端与孔喉的水平距离称为顶头前伸量，当坯料遇到顶头时开始穿孔，此时为二次咬入。只有合适的工艺参数才能保证两次顺利咬入，才能进行穿孔，如图 4-1 所示。

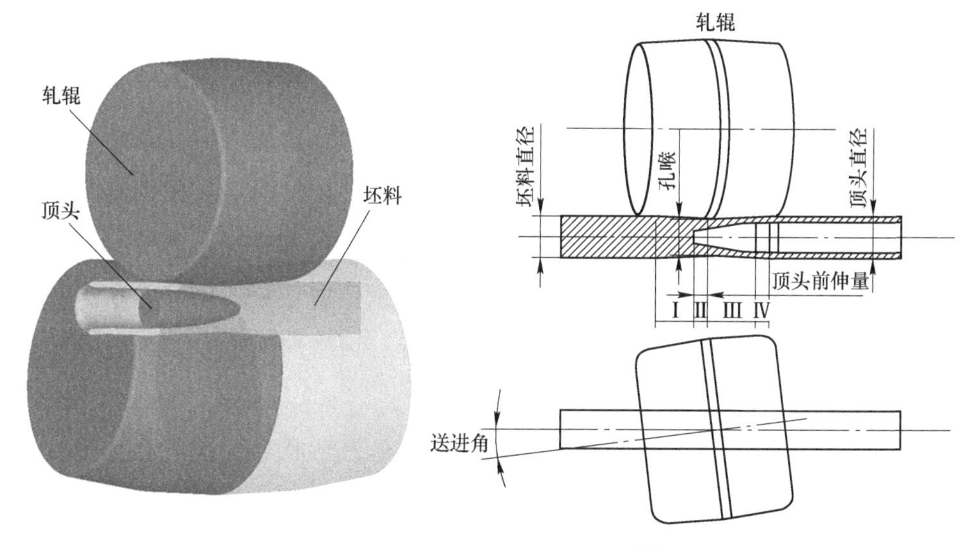

图 4-1 斜轧穿孔工艺原理图[3]

三辊斜轧穿孔工艺成形过程较复杂，轧件在成形过程中沿轧制中心线螺旋前进，同时产生轴向、径向和周向流动，并且在流动过程中不断改变方向，其变形过程非线性变化，计算量和计算难度大幅度增加，并使理论分析难度增加。为此，本章在分析穿孔变形过程的基础上，采用几何表达式提出轧辊与顶头设计的曲面方程。借鉴镁合金板材轧制数学模型，构建适合镁合金斜轧穿孔的轧制温降模型、损伤模型及轧制力模型，建立镁合金斜轧穿孔基础理论。

4.1 斜轧穿孔变形过程

镁合金斜轧穿孔过程包括三个阶段[4]：

（1）前段不稳定轧制：从镁合金管坯的前端与轧辊接触到出变形区为止，此阶段端部金属逐渐充满变形区；

（2）稳态穿孔轧制：从管坯前端金属充满变形区至管尾金属开始离开变形区为止，是斜轧穿孔最重要的过程；

（3）后段不稳定轧制：从管尾金属逐渐离开变形区至全部脱离轧辊为止。

斜轧穿孔得到的毛管，一般前端直径比尾部直径稍大，而中间部分尺寸一致[5]。这种头尾直径几何尺寸偏差是由不稳定过程引起的。头部直径稍大的原因是：随着前端金属逐渐充满变形区，金属与轧辊接触面上的拽入摩擦力随之逐渐增大。到金属完全充满变形区后摩擦力达到最大值。当管坯前端与顶头接触时，受到顶头的轴向阻力，金属的轴向延伸受阻，导致其轴向延伸变形减小，相应的横向变形（扩径）增加，而外端部没有限制工具，故导致管坯前端扩张直径稍大。毛管尾部直径小，主要由于管坯尾部被顶头穿透后，顶头阻力急剧下降，便于其轴向延伸变形，而横向变形小，最终导致管尾直径稍小。

斜轧穿孔过程由变形区所决定，若改变变形区形状会引起穿孔变形过程变化，而变形区又取决于变形工具设计与斜轧机的调整。目前生产中常用的变形区形状大同小异，仅在尺寸上存在差异。斜轧穿孔的整个变形过程大致分为四个区[6]，如图 4-1 所示。

Ⅰ区：穿孔预备区，从管坯入口到顶头前段的咬入段，此区管坯前段还未接触到顶头，只进行管坯轧制。主要作用是为穿孔过程作准备以及顺利满足二次咬入条件。其变形特点：因为轧辊入口锥表面存在锥度，管坯沿轴向前进中逐渐受到径向压缩，被压缩的金属沿轴向与周向流动。管坯横截面由圆形变为椭圆形，前端形成锥状。Ⅱ区：穿孔区，从顶头到孔喉，此阶段实心坯变成空心的毛管。变形区特点：毛管一边旋转前进，壁厚一边受到压缩，是螺旋连轧过程。Ⅲ区为均整区，从孔吼到顶头尾部。主要作用：辗轧（均整）管壁，改善管壁尺寸精度和内外表面质量。Ⅳ区：归圆区，靠近出口，作用是依赖靠旋转的轧辊，压下量减为 0，将椭圆形的毛管规圆。其变形实质上是无顶头作用的空心毛管塑性弯曲变形，此区较短且变形力很小。

通过分析斜轧穿孔的变形过程可知，穿孔的变形过程取决于工具设计和轧机参数调整（辊间距、导板间距、顶头位置等）。

4.2 主要变形工具曲面方程

三辊斜轧穿孔过程靠三个轧辊和顶头共同配合对实心坯料进行穿孔，3 个轧辊呈等边三角形布置，整个变形区几何形状和金属流动复杂，变形区毛坯截面的变形特征为[7]：圆形→圆形三角形→圆形，顶头对中好可穿出高精度壁厚无缝管；3 个轧辊同向转动，穿孔时，管坯无来自导向工具（如导板、导辊）的轴向阻力，只有顶头给的轴向阻力，故其穿孔速率快，效率高；在穿孔准备段（顶头前）由于三向压应力和小椭圆度，在穿孔过程中管坯不会出现破裂，确保内表面质量[8]。另外，镁合金管外表面不存在被导向工具刮伤的问题。轧件除沿轧制中心线直线运动外，受轧辊作用沿轧制中心线回转运动，表面轨迹呈现螺旋线分布，而轧辊有桶形、锥形和盘形，本章采用桶形轧辊和锥形顶头作为变形工具，它俩决定斜轧穿孔的孔型形状。

4.2.1 轧辊曲面方程

桶形轧辊两端是双面锥，忽略中间凸肩的圆柱段。两侧锥面母线为直线对称分布且同斜率。三辊斜轧穿孔工艺中轧辊沿轧制中心线120°分布，文中研究的三辊斜轧穿孔模型坐标系固定在系统的静态直角坐标 S_0：$x-y-z$ 和固定在轧件上的柱面坐标系 $r-\theta-z$ 中。设直角坐标系的 z 轴和柱面坐标系的 z 轴重合，以 $z=0$、$y=0$ 处，x 轴方向定义角度为0。两坐标系的关系如下：

$$x = r\cos\theta,\ y = r\cos\theta,\ z = z \tag{4-1}$$

设定桶形轧辊局部坐标系为静态直角坐标 S：$x-y-z$，坐标系中心为桶形轧辊的设计中心，如图4-2所示。在桶形轧辊局部坐标系中轧辊母线呈二次多项式，对于桶形轧辊上的任意一点 R，其半径 r 被定义为：

$$r = r(z) = az^2 + bz + c \tag{4-2}$$

那么在轧辊局部坐标系 S 中 R 被表示为：

$$R = [x,\ y,\ z,\ 1]^{\mathrm{T}} \tag{4-3}$$

其中，$x = r\cos\theta$，$y = r\cos\theta$，$z = z$。

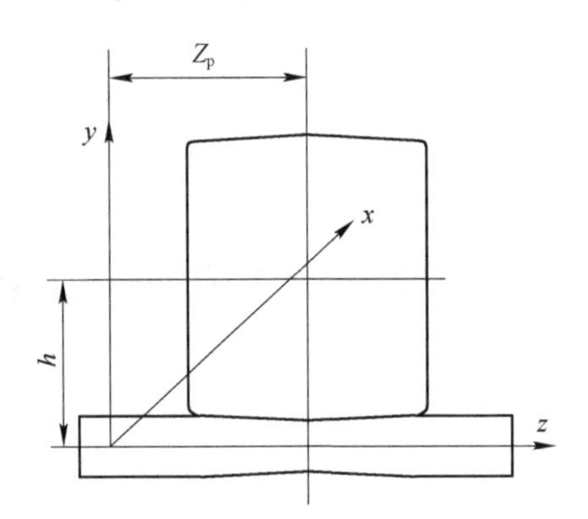

图4-2 镁合金三辊斜轧穿孔坐标示意图

将方程绕桶形轧辊的回转中心线 z 轴旋转，得到轧辊辊面方程：

$$x^2 + y^2 = (az^2 + bz + c)^2 \tag{4-4}$$

本章中轧辊只有送进角 α，没有辗轧角，为此首先对轧辊进行坐标变换，调整送进角 α，将轧辊局部坐标系绕 y 轴逆时针旋转 α，变换矩阵设为 $\boldsymbol{C}_{\mathrm{a1}}$：

$$\boldsymbol{C}_{\mathrm{a1}} = \begin{pmatrix} \cos\alpha & 0 & -\sin\alpha & 0 \\ 0 & 1 & 0 & 0 \\ \sin\alpha & 0 & \cos\alpha & 0 \\ 0 & 0 & 0 & 1 \end{pmatrix} \tag{4-5}$$

然后调整孔喉和初始位置，将 y 轴向上平移 m_y，将 z 轴向右平移 m_z，变换矩阵设为 $\boldsymbol{C}_{\mathrm{a2}}$：

$$C_{a2} = \begin{pmatrix} 1 & 0 & 0 & 0 \\ 0 & 1 & 0 & 0 \\ 0 & 0 & 1 & 0 \\ 0 & m_y & m_z & 1 \end{pmatrix} \tag{4-6}$$

轧辊局部坐标系的变换矩阵记为 $\boldsymbol{C}_{OR}$：

$$\boldsymbol{C}_{OR} = \boldsymbol{C}_{a1}\boldsymbol{C}_{a2} \tag{4-7}$$

$$\boldsymbol{C}_{OR} = \begin{pmatrix} \cos\alpha & 0 & -\sin\alpha & 0 \\ 0 & 1 & 0 & 0 \\ \sin\alpha & 0 & \cos\alpha & 0 \\ 0 & m_y & m_z & 1 \end{pmatrix} \tag{4-8}$$

则轧辊局部坐标系 S 上一点 R，变换后在系统坐标系 S_0 中可用 $\boldsymbol{R}_0$ 表示：

$$\boldsymbol{R}_0 = \boldsymbol{R}^{\mathrm{T}}\boldsymbol{C}_{OR} \tag{4-9}$$

式中 $\boldsymbol{R}_0 = (x_a, y_a, z_a, 1)^{\mathrm{T}}$，其中：

$$x_a = r\cos\theta\cos\alpha + z\sin\alpha$$

$$y_a = r\sin\theta + m_y$$

$$z = -r\cos\theta\sin\alpha + z\cos\alpha + m_z$$

$$m_y = h$$

$$m_z = z_p$$

4.2.2 顶头曲面方程

顶头是镁合金三辊斜穿孔工艺中实现穿孔的重要工具，承受很大压力和热负荷，决定镁合金管坯壁厚与内径。顶头的形状影响毛管表面质量、穿孔速率及能耗。

顶头设计主要根据它在变形区中应保持合理位置，所选的长度在不同的轧制条件下穿孔时，顶头前压下量和孔喉处压下量都比较合理，防止顶头过前或者过后，保证穿孔顺利进行。所以，需构造顶头曲面方程为顶头的设计提供理论基础。

将设计的顶头离散为点，采用二次多项式重新拟合。类似于轧辊，在顶头所处局部坐标系中，顶头上的任一点 R 的半径 r 被定义为：

$$r = r(x) = ax^2 \tag{4-10}$$

将曲线绕 y 轴旋转，得到顶头表面方程：

$$z - c = a(x^2 + y^2) \tag{4-11}$$

式中 c——顶头沿系统坐标系的平移距离。

4.3 镁合金斜轧穿孔数学模型

4.3.1 温度场模型

镁合金斜轧穿孔工艺是一个复杂的热力耦合过程，温度影响镁合金热变形抗力、动态再结晶过程、晶粒组织及成形性，在穿孔过程中起着决定性作用。由于其体积比热容小、热辐射率和热传导高，在斜轧穿孔过程中温降太快，影响轧制过程的顺利进行。故掌握其在穿孔过程中的热交换机制，建立温度场模型来温控和补温尤为重要。斜轧过程中热量变化主要有：（1）镁合金管坯与环境之间的热对流和热辐射；（2）管坯与三个轧辊及顶头之间热传递；（3）管坯塑性变形功产生的热量部分；（4）镁合金在变形过程中由于位错、孪生、增值等引起的组织演变产生的储能；（5）管坯与轧辊及顶头之间的摩擦产生的热；（6）其他因素：轧辊导热、润滑条件和管坯初始温度等。

4.3.1.1 热辐射引起的温降模型

热辐射伴随轧制整个过程，主要是管坯从出炉到进入轧机的过程中辐射散热，造成管坯外表面严重温降。根据 Stefan-Boltzmann 定理，认为黑体辐射力与环境温度和波长存在关系，得出总辐射力为：

$$E = \sigma \varepsilon T^4 \tag{4-12}$$

式中 σ——黑体辐射常数，$\sigma = 5.6697 \times 10^{-8}\,\mathrm{W/(m^2 \cdot K^4)}$；

ε——辐射率，介于 0~1 之间的常数，氧化皮较多时 $\varepsilon = 0.8$，若是刚轧出的平滑表面 $\varepsilon \in [0.55, 0.65]$；

E——总辐射力。

为了运算简便，将式（4-12）转化为：

$$E = C_0 \varepsilon \left(\frac{T}{100}\right)^4 \tag{4-13}$$

式中 C_0——辐射系数，其值为 $5.6697\,\mathrm{W/(m^2 \cdot K^4)}$；

T——管坯温度，K。

轧制过程中热辐射力产生的热辐射能量为：

$$Q = ESt \tag{4-14}$$

单位时间内散失热量为：

$$\mathrm{d}Q = \varepsilon C_0 \left(\frac{T}{100}\right)^4 S\mathrm{d}t \tag{4-15}$$

单位时间因辐射散热造成的温降为 dT，则散失的热量可以表示为：

$$\mathrm{d}Q = -mc\mathrm{d}T = -\frac{1}{4}\pi(D^2 - d^2)L\rho c\mathrm{d}T \tag{4-16}$$

式中　ρ——材料密度，kg/cm^3；

c——材料比热，J/(kg·K)；

t——散热时间，s。

式（4-15）中，S 为镁合金管散热面积，m^2。对于普碳钢散热较慢的材料，S 只需计算内外表面的散热，而镁合金散热较快，除了考虑内外表面外还需考虑端面散热，所以散热面积 $S = \pi L(D+d) + \pi(D^2 - d^2)/2$，$D$ 为镁合金管外径；d 为镁合金管内径，L 为镁合金管的长度。

则

$$\mathrm{d}T = -\frac{4\varepsilon C_0 T^4[L(D+d) + (D^2 - d^2)/2]}{L\rho c(D^2 - d^2) \times 10^8}\mathrm{d}t \tag{4-17}$$

通过积分求得镁合金管辐射时间内的温降为：

$$\Delta T_{\mathrm{f}} = \int_0^t \frac{4\varepsilon C_0 T^4[L(D+d) + (D^2 - d^2)/2]}{L\rho c(D^2 - d^2) \times 10^8}\mathrm{d}t = \frac{4\varepsilon C_0 T^4 t[L(D+d) + (D^2 - d^2)/2]}{L\rho c(D^2 - d^2) \times 10^8} \tag{4-18}$$

$$t \in [0,\ t_{\mathrm{f}}]$$

4.3.1.2　对流传热温降

镁合金管坯穿孔过程中与温度较低的流体媒质接触时，会产生对流传热，主要有：(1) 管坯表面流体位移所产生的对流；(2) 管坯进给所产生的对流。此外，流体本身的物理性质及镁合金管的尺寸对其都有影响，对流热量简化为下式：

$$Q = \alpha(T - T_{\mathrm{k}})St \tag{4-19}$$

式中　S——热交换面积，m^2；

t——热交换时间，s；

T——管坯温度，℃；

T_k——冷却介质温度，℃；

α——对流的散热系数，W/(m²·℃)。

同理，单位时间内对流热量为：

$$dQ = \alpha(T - T_k)Sdt \tag{4-20}$$

单位时间因对流造成的温降为 dT，则散失的热量可以表示为：

$$dQ = -mcdT = -\frac{\pi}{4}(D^2 - d^2)L\rho cdT \tag{4-21}$$

则
$$\Delta T_d = \frac{4\alpha(T - T_k)t[L(D + d) + (D^2 - d^2)/2]}{L\rho c(D^2 - d^2)} \tag{4-22}$$

本章考虑管坯的表面温降，没有将心部和外表面部分之间的热传导考虑进去，但对于较厚的管坯，表面和心部存在较大的温差，需采用有限差分法来计算空间某一点的温度值。

4.3.1.3 热传导温降

高温管坯与辊道、轧辊及顶头之间接触传热降温，镁合金管坯表面产生氧化皮，在穿孔过程中主要靠氧化皮传热。本设备是自主研发设备，入口前辊道很短，可忽略管坯与辊道接触热传导产生的温降。则热传导温降为管坯与轧辊及顶头的传热，单位时间内管坯与轧辊之间接触传热散失的热量 Q 为：

$$Q = \lambda\pi Dl_1\frac{T_1 - T_R}{S} \tag{4-23}$$

单位时间内轧件的热量变化为：

$$Q = c\rho h_m\pi Dv\Delta T_c \tag{4-24}$$

则镁合金管从第一次咬入到第二次咬入之间轧制时，即还没有接触顶头前，管坯与轧辊之间的传导温降为：

$$\Delta T_{c1} = \frac{\lambda l_1(T_1 - T_R)}{c\rho h_m vS} \tag{4-25}$$

当二次咬入后，管坯与顶头接触开始穿孔，此时管坯与顶头间传热温降为：

$$\Delta T_{c2} = \frac{\lambda l_2(T_2 - T_P)}{c\rho h_m vS} \tag{4-26}$$

式中 λ——热传导系数；

T_1——轧件进入轧辊区时的温度,℃；

T_R——轧辊温度,℃；

T_P——顶头温度,℃；

T_2——管坯接触顶头时温度,℃；

S——氧化层厚度，mm；

v——轧制速度，m/s；

h_m——镁合金管在变形区中的平均厚度，mm；

l_1，l_2——变形区长度，mm。

4.3.1.4 管坯与变形工具摩擦生热产生的温升

镁合金管在穿孔过程中主要靠轧辊给它的摩擦力进给，所以摩擦生热使管坯温升，特别是外表面，则管坯与轧辊间摩擦生热产生的热量为：

$$F_1 S = cm\Delta T_m \tag{4-27}$$

则管坯与轧辊间摩擦生热产生的温升为：

$$\Delta T_m = \frac{F_1}{cL\rho} \tag{4-28}$$

同理当顶头与管坯接触后，顶头与管坯间摩擦生热使管坯的温升为：

$$\Delta T_m = \frac{F_2}{cL\rho} \tag{4-29}$$

式中 F_1——管坯与轧辊间摩擦力；

F_2——顶头与管坯间摩擦力。

4.3.1.5 管坯变形热产生温升

管坯在穿孔过程中在轧制力和顶头轴向力作用下发生塑性变形，由实心棒料变成空心管材的同时，镁合金材料内部组织伴随DRX，外力做的功产生的热量一部分供材料发生DRX，一部分要使管坯温升。

根据斜轧穿孔原理，金属的塑性变形功为：

$$W = PV\ln\frac{H}{h} \tag{4-30}$$

根据热功当量互换关系，则产生的塑性变形热为：

$$Q_H = \frac{W\eta}{J_1} = \frac{PV\ln\frac{H}{h}}{J_1}\eta \tag{4-31}$$

式中 J_1——热功当量，$J_1 = 9.81$；

Q_H——管坯塑性变形产生的热量，J；

W——变形功，N · m；

P——单位平均压力，MPa；

V——管坯体积，m^3；

η——管坯发热部分占变形热的百分比；

H——变形前镁合金管的厚度，mm；

h——变形后镁合金管的厚度，mm。

则管坯穿孔过程中塑性变形热引起的温升为：

$$\Delta T_H = \frac{P\ln\frac{H}{h} \times 10^6}{J_1\rho c}\eta \tag{4-32}$$

4.3.1.6 管坯斜轧穿孔过程中温度场模型

镁合金斜轧穿孔工艺温度场主要分成三部分：管坯从出炉到第一次咬入（即咬入轧辊孔型内）；管坯第一次咬入到第二次咬入；第二次咬入（即开始穿孔）到尾部出轧机。

A 管坯出炉到第一次咬入的温度模型

此过程主要是与空气的对流及热辐射，将出炉温度记做 T_0，从出炉到第一次咬入时间记为 t_1，此阶段为温降且温度降为 T_1，则温降模型为：

$$\Delta T = \Delta T_f + \Delta T_d = \frac{4\varepsilon C_0 T_0^4 t_1 [L(D + d) + (D^2 - d^2)/2]}{L\rho c(D^2 - d^2) \times 10^8} + \frac{4\alpha(T_0 - T_k)t_1[L(D + d) + (D^2 - d^2)/2]}{L\rho c(D^2 - d^2)} \tag{4-33}$$

B 第一次咬入到第二次咬入之间的温度模型

此过程中除了对流与热辐射外，还有与轧辊接触的热传导温降及摩擦温升、自身管坯塑性变形温升，此阶段时间记为 t_2，管坯厚度由 H 变为 H_1，温度由 T_1 变为 T_2，则温度差模型为：

$$\Delta T = \Delta T_f + \Delta T_d + \Delta T_m + \Delta T_c + \Delta T_H = \frac{4\varepsilon C_0 T_1^4 t_2[L(D+d)+(D^2-d^2)/2]}{L\rho c(D^2-d^2)\times 10^8} + \frac{4\alpha(T_1-T_k)t_2[L(D+d)+(D^2-d^2)/2]}{L\rho c(D^2-d^2)} + \frac{\lambda l_1(T_1-T_R)}{c\rho h_m vS} + \frac{F_1}{cL\rho} + \frac{P\ln\frac{H}{H_1}\times 10^6}{J_1\rho c}\eta \tag{4-34}$$

C 第二次咬入到尾部出轧机的温度模型

此过程除了第二阶段包含的温度变化外，此阶段有顶头与管坯接触的热传导温降及摩擦温升，此阶段时间记为 t_3，管坯厚度由 H_1 变为 h，温度由 T_2 变为 T_3，则温度差模型为：

$$\Delta T = \Delta T_f + \Delta T_d + \Delta T_m + \Delta T_c + \Delta T_H = \frac{4\varepsilon C_0 T_2^4 t_3[L(D+d)+(D^2-d^2)/2]}{L\rho c(D^2-d^2)\times 10^8} + \frac{4\alpha(T_2-T_k)t_3[L(D+d)+(D^2-d^2)/2]}{L\rho c(D^2-d^2)} + \frac{\lambda l_2(T_2-T_R)}{c\rho h_m vS} + \frac{F_2}{cL\rho} + \frac{P\ln\frac{H_1}{h}\times 10^6}{J_1\rho c}\eta \tag{4-35}$$

4.3.2 损伤模型

戴庆伟[9] 在研究镁合金板轧制损伤中发现，空洞在裂纹的形成中发挥了作用，除此之外，在断口边缘发现有平滑的剪切面及明显的滑移痕迹，认为镁合金在塑性成形过程中损伤机理与以往的不同，它是由空洞、剪切变形及应变累积综合作用的结果。对于挤压态镁合金由于织构存在的各向异性明显，本章基于连续损伤力学研究镁合金损伤演变模型，宏观表现为出现损伤后镁合金的弹性模量减少。各向异性损伤理论中指出：三个方向存在各自独立的损伤量，与各向的塑性应变增量有关。损伤张量可以表示为：

$$\boldsymbol{D}_{ij} = \begin{pmatrix} D_1 & 0 & 0 \\ 0 & D_2 & 0 \\ 0 & 0 & D_3 \end{pmatrix} \tag{4-36}$$

式中 D_i（$i=1, 2, 3$）——三个方向的损伤量，第一主等效应力为：

$$\tilde{\sigma}_{11} = \frac{2}{3}\left(\frac{\sigma}{1 - D_1}\right) + \frac{\sigma}{3 - D_1 - D_2 - D_3} \tag{4-37}$$

式中 $\tilde{\sigma}_{11}$——应力分量。

各向异性的损伤演化方程为：

$$\dot{D}_{ij} = \left\{\frac{\tilde{\sigma}_{eq}^2}{2ES}\left[\frac{2}{3}(1 + \nu) + 3(1 - 2\nu)\left(\frac{\tilde{\sigma}_H}{\tilde{\sigma}_{eq}}\right)^2\right]\right\}^S |\dot{\varepsilon}_{ij}^{pl}| \tag{4-38}$$

式中 $\dot{D}_{ij}$——ij 方向的损伤增长量；

$\dot{\varepsilon}_{ij}^{pl}$——$ij$ 方向的塑性应变变化量；

E——弹性模量；

ν——泊松比；

S——拉伸实验定义的材料参数；

$\tilde{\sigma}_{eq}$——Miss 等效应力；

$\tilde{\sigma}_H$——静水压应力。

进一步简化为：

$$\dot{D}_{ij} = \left\{\frac{D_c}{\varepsilon_R - \varepsilon_D}\left[\frac{2}{3}(1 + \nu) + 3(1 - 2\nu)\left(\frac{\sigma_H}{\sigma_{eq}}\right)^2\right]\right\} |\dot{\varepsilon}_{ij}^{pl}| \tag{4-39}$$

式中 D_c——金属板材的临界损伤量；

ε_R——临界塑性应变量；

ε_D——产生损伤时塑性应变的门槛值；

σ_{ep}——Miss 等效应力；

σ_H——静水压应力。

4.3.3 轧制力模型

轧制力是斜轧穿孔机设计和运行的重要参数，直接影响压下系统的设定精度，从而影响无缝管的壁厚精度。轧制力数学模型表达式：

$$P = F \cdot \bar{p} \tag{4-40}$$

式中 F——接触面积，mm^2，$F = bl$；

$\bar{p}$——平均单位压力，MPa，$\bar{p} = \gamma n'_\sigma n''_\sigma n'''_\sigma \sigma_s$。

模型中考虑轧件的宽度 b、轧辊的接触弧长 l、变形抗力 σ_s、外端摩擦影响系数 n'_σ、外端影响系数 n''_σ 和张力影响系数 n'''_σ。镁合金斜轧穿孔变形过程复杂，各变形区的变形程度和变形速度都不同，因此变形区内单位压力分布也不同。所以，计算接触面积和平均单位压力，需将变形区分不同区段进行计算。为简化计算将斜轧穿孔分为三个区：穿孔准备区Ⅰ，穿孔区Ⅱ，穿孔后的均整区Ⅲ，如图 4-3 所示。

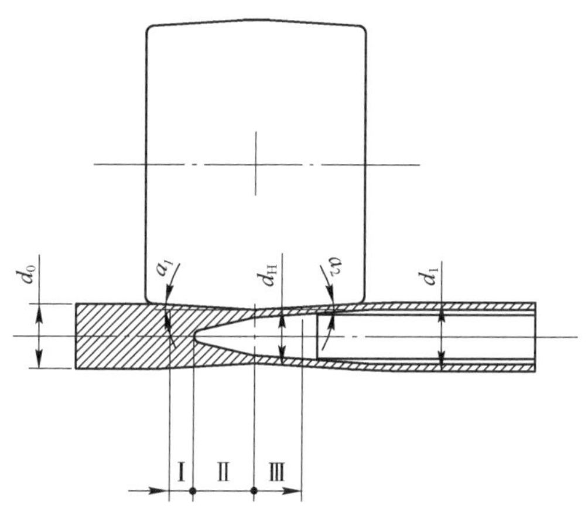

图 4-3 斜轧穿孔变形区划分

4.3.3.1 各变形区的接触面积

Ⅰ区的接触面积为：

$$F_{11} = \frac{b_{11}}{2} l_{11} \tag{4-41}$$

式中 l_{11}——变形区长度，$l_{11} = \left(\frac{d_0 - d_H}{2\tan\alpha_1}\right)\cos\alpha - C$，mm；

b_{11}——接触面宽度，$b_{11} = \sqrt{\frac{\Delta r_{11} d_1 + 2\Delta r_{11}^2}{1 + \frac{d_1}{D} + 2\frac{\Delta r_{11}}{D}}}$，mm；

d_0——入口断面上的管坯直径，mm；

d_H——孔喉直径，mm；

α_1——轧辊的入口锥母线倾角，(°)；

α——送进角，(°)；

D——该断面上的轧辊直径，mm；

d_1——轧后断面上的管坯直径，mm；

Δr_{11}——该区域径向压下量，mm；

C——顶头前伸量，mm。

Ⅱ区的接触面积为：

$$F_{12} = \frac{b_{11} + b_{12}}{2} l_{12} \tag{4-42}$$

式中 l_{12}——变形区长度，$l_{12} = C$，mm；

b_{12}——接触面宽度，$b_{12} = \sqrt{\dfrac{\Delta r_{12} d_1 + 2\Delta r_{12}^2}{1 + \dfrac{d_1}{D} + 2\dfrac{\Delta r_{12}}{D}}}$，mm；

Δr_{12}——该区域径向压下量，mm。

Ⅲ区接触面积为：

$$F_{13} = \frac{b_{12} + b_{13}}{2} l_{13} \tag{4-43}$$

式中 l_{13}——变形区长度，$l_{13} = \left(\dfrac{d_1 - d_{\mathrm{H}}}{2\tan\alpha_2}\right)\cos\alpha$，mm；

b_{13}——接触面宽度，$b_{13} = \sqrt{\dfrac{\Delta r_{13} d_1 + 2\Delta r_{13}^2}{1 + \dfrac{d_1}{D} + 2\dfrac{\Delta r_{13}}{D}}}$，mm；

Δr_{13}——该区域径向压下量，mm；

d_1——出口断面上的管坯直径，mm；

α_2——轧辊的出口锥母线倾角，(°)。

4.3.3.2 各变形区的平均单位压力

坯料在穿孔段穿孔时，假定张力为零，则张力影响系数 $n'''_{\sigma} = 1$。平均单位压力的计算式为：

$$\bar{p} = \gamma n'_{\sigma} n''_{\sigma} \sigma_{\mathrm{s}} \tag{4-44}$$

式中，$\gamma = 1.15$。

Ⅰ区，入口锥没有顶头接触，轧辊和坯料的接触宽度 b_{11} 与坯料的直径 d_0 相比，满足 $b_{11}/d_0 << 1$。这时，单位压力主要受外端影响，外端摩擦影响系数 $n'_{\sigma} = 1$；外端影响系数：

$$n''_{\sigma} = \left(1.8 - \frac{b_{\mathrm{H}}}{2r_{\mathrm{H}}}\right)(1 - 2.7\varepsilon_{\mathrm{H}}^2) \tag{4-45}$$

式中 b_{H}——孔喉处断面的接触宽度，mm；

r_H——孔喉处坯料的半径，mm；

ε_H——孔喉处的相对压下率，$\varepsilon_H = \dfrac{d_0 - d_H}{d_0}$。变形抗力选用周纪华式：

$$\sigma_s = \sigma_0 \exp(\beta_1 T + \beta_2)\left(\frac{\dot{\varepsilon}}{10}\right)^{\beta_3 T+\beta_4}\left[\beta_6\left(\frac{\varepsilon}{0.4}\right)^{\beta_5} - (\beta_6 - 1)\left(\frac{\varepsilon}{0.4}\right)\right] \quad (4-46)$$

式中 T——热力学温度，$T=\dfrac{t+273}{1000}$；

$\dot{\varepsilon}$——应变速率，s^{-1}；

ε——应变量；

$\beta_1 \sim \beta_6$——回归系数。

将式（4-45）和式（4-46）代入式（4-44）可计算出斜轧Ⅰ区的平均单位压力 $\bar{p}_{11}$。

在穿孔Ⅱ区，外端对单位压力的影响可忽略不计，外端影响系数 $n''_\sigma = 1$；外端摩擦影响系数：

$$n'_\sigma = \frac{\pi}{4} + 0.25\frac{\bar{b}}{\bar{S}} \quad (4-47)$$

式中 $\bar{b}$——平均接触宽度，$\bar{b} = \dfrac{1}{n}\sum_{i=1}^{n} b_i$，mm；

n——变形区划分段数；

b_i——第 i 段的接触面宽度，mm；

$\bar{S}$——毛管平均厚度，$\bar{S} = \dfrac{1}{n}\sum_{i-1}^{n} S_i$，mm。

联立式（4-46）、式（4-47）、式（4-44）可计算出穿孔Ⅱ区的平均单位压力 $\bar{p}_{12}$。

Ⅲ区的平均单位压力 $\bar{p}_{13}$ 的计算方法同穿孔Ⅱ区。

综合上述三个区域，轧制力的计算表达式为：

$$p_1 = \sum_{i=1}^{3} F_{1i} \cdot \bar{p}_{1i} \quad (4-48)$$

4.4 本章小结

本章介绍了镁合金三辊斜轧穿孔工艺原理及成形过程，构建了轧辊与顶头变形工具的曲面方程，借鉴镁合金板材轧制数学模型构建了适合镁合金斜轧穿孔的温降模型、损伤模型及轧制力模型，运用到后续模拟镁合金穿孔过程中，为镁合金能顺利斜轧穿孔提供理论基础。

参考文献

[1] Ding X F, Shuang Y H, Liu Q L, et al. New rotary piercing process for an AZ31 magnesium alloy seamless tube [J]. Materials Science and Technology, 2018, 34 (4): 408-418.

[2] Fei F, Huang S , Meng Z , et al. A constitutive and fracture model for AZ31B magnesium alloy in the tensile state [J]. Materials Science and Engineering A-Structural Materials Properties Microstructure and Processing, 2014, 594 (4): 334-343.

[3] Ding X F, Kuai Y L, Li T, et al. Enhanced mechanical properties of magnesium alloy seamless tube by three-roll rotary piercing with severe plastic deformation [J]. Materials Letters, 2022, 313: 131655.

[4] 侍毅. 无缝钢管扩径机轧辊的研究与参数化设计 [D]. 南京：南京航空航天大学，2009.

[5] 李厚福. 无缝钢管扩管生产线的研究与开发 [D]. 杭州：浙江大学，2006.

[6] 双远华，赖明道，张中元. 斜轧刚塑性有限元模拟中变形历史处理 [J]. 塑性工程学报，2002 (2): 82-86.

[7] 丁小凤，双远华，王清华，等. AZ31 镁合金无缝管斜轧穿孔新工艺研究 [J]. 稀有金属材料与工程，2018, 47 (1): 357-362.

[8] Wang F J, Shuang Y H, Hu J H, et al. Explorative study of tandem skew rolling process for producing seamless steel tubes [J]. Journal of Materials Processing Technology, 2014, 214: 1597-1604.

[9] 戴庆伟. 镁合金轧制变形及边裂机制研究 [D]. 重庆：重庆大学，2011.

5 镁合金无缝管轧制工艺数值模拟及实验

在新工艺的开发中，为了保证工艺的可行性，制造出高质量的管材，首先需确定合适的加工工艺参数范围。仅仅依靠前期的理论计算及大量实验确定工艺的可行性及可成功性耗费人力物力，造成大量成本浪费。此外，现场影响因素较多，不能实时预测材料流动、应力-应变分布及可能出现的缺陷，耗费大量时间。而采用有限元数值模拟技术，可以建立实验实际模型，可选取不同工艺参数进行多次组合模拟加工过程，很容易得到金属流动、应力-应变、温度场分布等规律，预测轧件的可成形性；同时对轧件进行损伤分析，预测出可能的缺陷及失效形式[1]；此外，还能对轧件进行微观方面模拟[2]，分析轧制过程微观组织演变，预测晶粒大小，通过调控微观组织来改善轧件宏观性能。总之，有限元法已被广泛地应用到金属塑性加工中，模拟不同参数对加工过程的影响，为相应的试验确定合适的加工工艺参数范围。Wang 等[3] 利用有限元法开发了钢管斜连轧新工艺，分析了工艺参数、应力、应变和温度场分布规律，为实验提供了理论依据。Furushima 等[4] 用有限元法分析微管的超塑性特性并进行了相关实验，验证了该工艺的可行性，开发了一种无模微管拉深工艺。Yoshihara 等[5] 采用有限元法模拟镁合金管材旋压成形工艺，对旋压成形机理进行分析，有助于更好地指导实际生产。基于前文通过热加工图研究确定的温度和应变速率范围，结合前文斜轧穿孔工艺的变形特点及轧制模型，根据前文得到的高温本构模型及相应的变形机理，选择不同温度和斜轧穿孔工艺参数进行组合，运用有限元法对 ϕ40mm×300mm 镁合金棒材的斜轧穿孔过程进行数值分析，得到合适的工艺参数组合。借助理论和模拟结果，确定并选择可行的工艺参数，建立工艺方案，在三辊斜轧实验机组上进行镁合金斜轧穿孔工艺实验。实验对轧制过程中的力能参数进行了测试，并将实验结果与有限元模拟、理论分析进行了比较验证，为后续理论研究、工艺开发提供数据和累积经验。

5.1 模型简化与假设

镁合金斜轧穿孔过程管坯变形剧烈，属于塑性大变形范畴，存在一系列复杂的物理问题，如大位移、大塑性变形、轧辊与管坯接触的非线性以及二者间复杂的摩擦行为等，镁合金对温度场变化的敏感性，需加热力耦合使数值模拟的结果更加接近实际状态。总之，三辊斜轧穿孔工艺过程是一个复杂的刚塑形力学、运动学和动力学问题。

基于实际设备参数，利用 DEFORM 建立了三辊斜轧穿孔的有限元模型，见第 4 章图 4-1，三个轧辊采用桶形辊，围绕轧制中心线按 120°对称分布，顶头和坯料轴线沿着轧制中心线，管坯采用 ϕ40mm×300mm AZ31 镁合金。其他工艺参数见表 5-1，对模型进行假设：

（1）在数值模拟中，采用刚塑性材料模型对管坯进行建模，将顶头和轧辊视为刚体。

（2）管坯的材料本构关系是应力、温度和应变率之间的关系，本章采用第 2 章构建的本构模型。

（3）采用前文的损伤模型进行有限元分析。

（4）假定材料变形工具之间的摩擦符合恒定的剪应力，采用塑性剪切模型。

（5）管坯与轧辊和顶头之间的摩擦系数不同，并假定为黏着摩擦。Wang 等[3] 提出轧辊与管坯接触产生黏着摩擦之前的摩擦系数达 1.67 的可能性，由于有限元软件本身固有的某些原因，不能完全反映实验情况，根据现有理论设定摩擦系数，有限元模拟也不能正常工作，因此本章为了顺利模拟实际轧制过程也采用摩擦系数为 1.67。在实验中，当顶头被动旋转时，假设顶头与其他工件之间的摩擦系数为 0.03。

（6）所有轧辊都以 170r/min 的速度向同一方向旋转。

（7）管坯加热温度在 300~450℃之间，其他工具加热温度为 150℃，环境温度为 20℃。在轧制过程中，管坯和轧辊与环境进行热交换。两种工具之间的热对流系数为 15N/(sec · mm · ℃)，AZ31 和周围大气之间热交换设置为 20N/(sec · mm · ℃)。

表 5-1 工艺参数变量值

参数	变量 1	变量 2	变量 3
温度/℃	350	400	450
顶头前伸量/mm	15	20	25
孔喉/mm	ϕ34	ϕ35	
送进角/（°）	7	8	9
轧辊转速/r · min^{-1}	170	170	170

5.2 模拟结果分析

5.2.1 穿孔过程中应变分布

二辊斜轧穿孔工艺是利用坯料沿纵向的拉应力作用，使坯料轴心区域生成微裂纹，继而扩展为疏松区，穿孔时顶头的阻力使得内外表面速度不同产生剪切应变，轴心金属出现疏松时顶头参与塑性加工，将实心坯穿成毛管。三辊是在二辊基础上为了消除孔腔，减少中心破裂研发出来的，在顶头前管坯中心部分只承受压应力。为了确定穿孔工艺须分析穿孔过程应变分布，掌握穿孔过程实质。为了便于分析，沿坯料中心轴线纵向剖开取纵截面，图 5-1 为斜轧穿孔过程坯料纵切面上的等效应变分布。

在斜轧穿孔过程中，纵向截面的应变分布呈 W 形和 U 形，如图 5-1 所示。就镁合金而言，图 5-1（a）是穿孔准备区截面变形分布，变形区的特点是拖曳区的 U 形区域较长，W 形分布区域较短，最大变形发生在轧件前缘

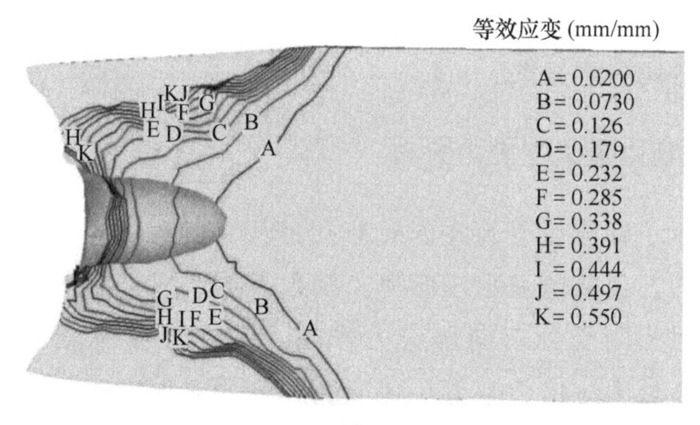

(a)

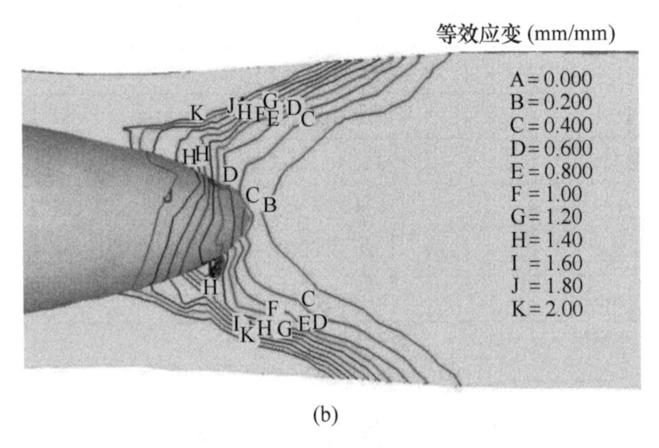

(b)

扫一扫
看彩图

图 5-1 斜轧穿孔过程坯料纵切面上的等效应变分布
(a) 穿孔准备区；(b) 穿孔阶段

与轧辊接触的相邻区域，且有以下特点[6~8]：轧辊与管坯接触时，塑性变形是从管坯的外层开始，最大的塑性变形发生在轧件表面，中心部分没有发生塑性变形。随着压下量的逐渐增大，变形逐渐向中心渗透，塑性变形开始出现在中心区域，变形从管坯外层向中心逐渐减小，在该区域的较长部分形成 U 形分布；随着轧制进程，管坯中心的塑性变形由于反复剪切和拉应力作用下继续累积，而过渡层由于外力间歇作用（对三辊轧机，轧件每转 1/3，轧辊加工一次），变形间歇积累，所以中心部分塑性变形积累量高于过渡层，U 形分布逐渐变为 W 形，随着变形积累，W 形分布特征更加明显。图 5-1（b）显示了穿孔阶段管坯纵截面的变形分布，U 形区变形分布不均匀性加重。镁合金斜轧穿孔中，表层金属在轧辊和顶头的共同作用下，相比管坯内部产生较大变形，沿轴向、切向和周向流动。同时伴随着扭转，这样表层和过渡层之间会产生附加拉应力，若表层运动受阻发生堆积或皱折时，金属发生撕裂，容易造成分层缺陷。

5.2.2 穿孔过程中最大主应力分布

图 5-2 显示了镁合金管坯在斜轧穿孔过程中的最大主应力分布，图中正数值表示拉应力，负数值表示压应力。结果表明，管坯在与轧辊接触区最大主应力为负值时表明受到三向压应力作用。而在辊缝区域承受三向拉伸应力，坯料的中心最大主应力数值正负交替，表明其同时受到拉伸应力和压缩应力的交变作用。交变的拉-压应力易造成材料破裂，对于塑性较差的镁合

金在三辊斜轧穿孔过程中容易发生环状破裂或环状疏松的现象。无论如何，出现在二辊斜轧穿孔中的空洞或撕裂现象不可能出现在三辊斜轧穿孔中。

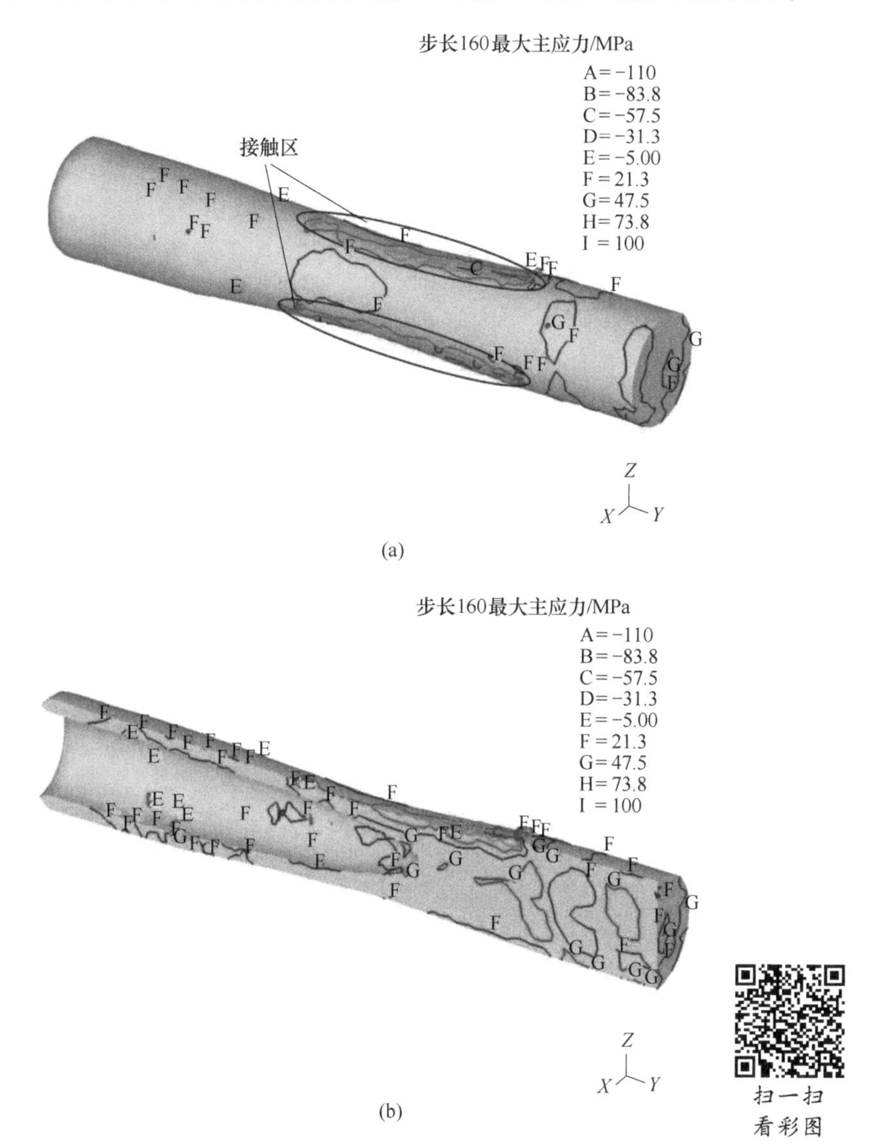

图 5-2 斜轧穿孔过程中坯料的最大主应力分布

（a）坯料表面；（b）坯料芯部

5.2.3 穿孔过程中温度场分布

镁合金传热性能好带来温降快，图 5-3 显示了 400℃ 温度下穿孔过程中管坯的温度场分布。穿孔过程中管坯温度场分布主要取决于管坯表面与环境的热交换、接触表面摩擦生热以及镁合金材料变形产生的热效应。图 5-3（a）显示了管坯纵截面温度场分布，可以看到已发生塑性变形的管坯区域温度场呈 W 形分布，即管坯表层温度高于中心温度，而中心温度高于过渡层温度，这是由于穿孔过程中轧辊和顶头与管坯之间的摩擦生热，再加上自身塑性变形也产生一定热量导致管坯温度上升，而摩擦热和金属变形热远远大于环境和轧辊与管坯热传导带走的热量，说明轧制过程中摩擦热及变形热起主导作用。未穿孔部分表层与环境进行热交换温度降为 346℃。图 5-3（b）显示了管坯的外表面温度分布，明显看到在轧辊与轧件接触处温度达到最大 478℃，即正在穿孔的区域，而此时管坯与桶形轧辊热交换散热量远小于其变形产生热量。管坯离开穿孔轧辊后，温度继续保持高温状态，直到轧件与环境的热辐射达到一定程度后温度平衡，因此有所降低。由于管尾部分与外界环境接触时间相对较长，温降厉害使其尾端容易产生裂纹。

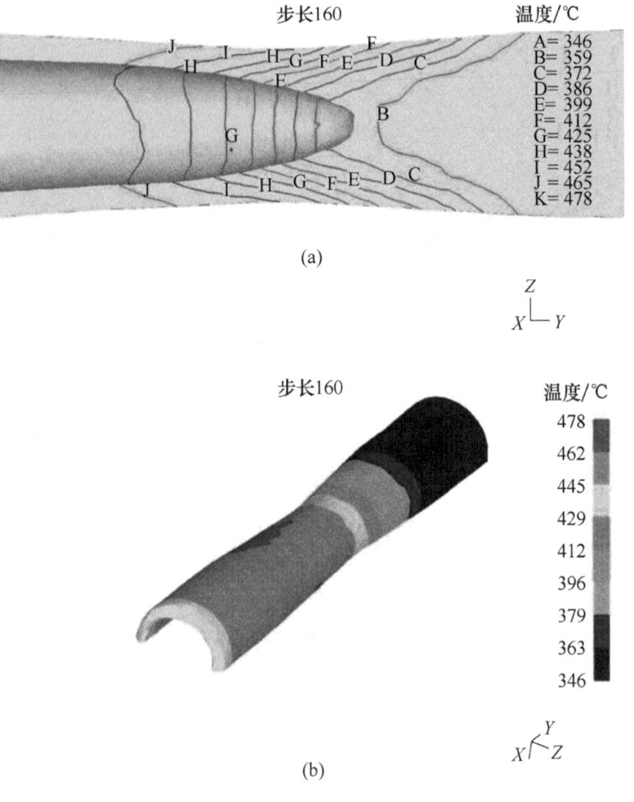

扫一扫
看彩图

图 5-3 斜轧穿孔过程中坯料的温度场分布

（a）管纵截面；（b）管表面

5.2.4 穿孔过程中轧制力和轴向力分析

对不同工艺参数下的镁合金三辊斜轧穿孔工艺的力能参数进行有限元分析，为后续实验的开展奠定理论基础，并为后续工艺参数优化提供理论指导意见。

图 5-4 为不同工艺参数下模拟的轧制力与轴向力（顶头前伸量为 20mm），可知斜轧穿孔过程轧制力分为 3 个阶段：管坯与轧辊接触后轧制力由 0 迅速增加；当接触顶头二次咬入开始穿孔过程，轧制力在某一小范围内波动，达到稳定状态；随后轧制力减小，到抛钢后迅速变为 0。同理，轴向力也有类似变化，从图中可以看到轴向力变化时间范围小于轧制力，不难理解，因为管坯要经过一次咬入和二次咬入，当管坯与顶头接触才二次咬入进行穿孔，在这之前管坯只发生轧制，显然轴向力产生要比轧制力滞后。而当管尾穿透后顶头的轴向力减为 0，此时轧制力还作用在管尾进行归圆。图 5-4（a）是送进角 8°、不同温度下的力能参数，随着温度的升高，相应的轧制力和轴向力有所降低，这是由于温度升高使得镁合金的变形抗力降低便于塑性成形。400℃轧制力达到 45kN，轴向力达到 10kN。图 5-4（b）为 400℃下不同送进角对应的轧制力和轴向力，随着送进角的增大，轧制力和轴向力增大，相应的轧制时间缩短。这是因为送进角增大，对应的轴向速度分量与摩擦力水平分力均增大，导致镁合金管坯与轧辊间的相对滑动减少，

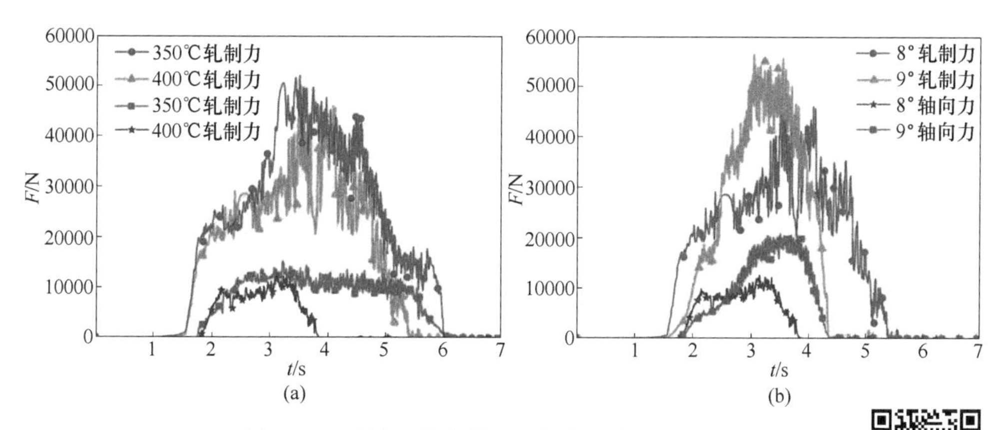

图 5-4 不同工艺参数下的轧制力与顶头轴向力

（a）送进角 8°、不同温度；（b）温度 400℃、不同送进角

扫一扫
看彩图

这两个因素都使得轧制速度增大，则纯轧时间缩短，最终导致总轧制时间缩短。顶头轴向力明显增大，这主要是由于送进角越大则轧件的应变速率越大，变形抗力及单位体积的变形功越大，转化为热量的能量越高，同时送进距离增大，镁合金与轧辊接触面积增大，最终导致顶头轴向力增大。可以看到送进角 9°的轧制力可达到 55kN，轴向力可达 18kN。

5.3 工艺参数对管坯质量影响

5.3.1 温度对棒料穿透率影响

轧制温度 350℃时，分别采用不同顶头前伸量、送进角、孔喉直径进行镁合金管斜轧穿孔，中途会发生轧卡或堆钢，不能顺利穿制出镁合金管，如图 5-5 所示。

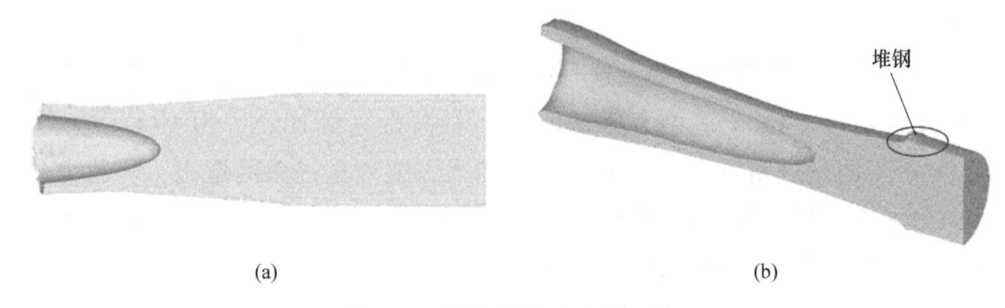

图 5-5 斜轧穿孔过程中坯料
(a) 轧卡；(b) 堆钢

图 5-5 (a) 显示镁合金管斜轧穿孔过程中的轧卡。穿孔过程中，顶头温度为 150℃，当镁合金坯料二次咬入时会产生温降，外表面虽然与轧辊摩擦产生热但心部温降快塑性降低，再加上顶头阻力增大导致心部金属流动受阻速度减小，心部轴向速度逐渐趋于 0，穿孔不能进行发生前轧卡。图 5-5 (b) 显示镁合金管穿孔过程中发生堆钢，在穿孔过程中由于镁合金本身轧制温度偏低再加上温降导致变形抗力增加，造成顶头轴向力增大使管坯前端轴向前进速度减小，而后端金属速度明显大于前端管坯速度，则发生堆钢现象。

在 400℃轧制温度下，采用不同顶头前伸量、送进角、孔喉直径工艺参数对镁合金管坯进行斜轧穿孔。采用前伸量为 25mm 进行穿孔时，管坯中间出现断裂。而前伸量小于 20mm，管坯发生前轧卡不能顺利穿出镁合金管。

当前伸量在 20~25mm 范围内可顺利穿出镁合金管。对比两种孔喉发现，孔喉 ϕ34mm 要比 ϕ35mm 轧出的管坯壁厚均匀，如图 5-6 所示。由于孔喉 ϕ34mm 要比 ϕ35mm 顶头前压下量大，拽入力大，一次咬入与二次咬入更加容易，且滑移小，轧制相对稳定，前者偏心没有后者偏心大，故壁厚相对均匀。顶头前伸量太小时没有足够的轴向力则管坯不能顺利穿轧，若顶头前伸量太大，管坯变形区明显缩短，滑移增大且对坯料的轴向阻力加剧，后端金属轴向前进受阻导致顶头接触区应力集中发生断裂，逐渐延伸到外表面使坯料剪断。

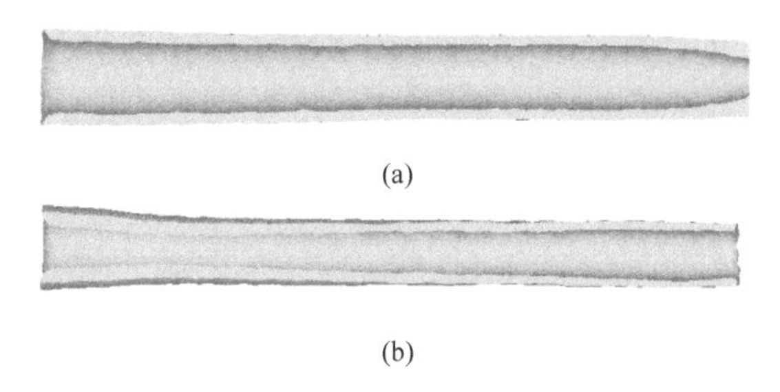

图 5-6 400℃模拟顺利穿出的管坯

(a) ϕ34mm；(b) ϕ35mm

在 450℃轧制温度下，采用顶头前伸量为 20mm 时，在不同送进角和孔喉直径下可以顺利斜轧穿出镁合金管。但管尾三角形比较严重，金属流动大造成表面不光滑（见图 5-7）。由于 450℃时镁合金塑性增强流动增大，温度过高使得轧辊与轧件之间的摩擦系数发生改变[9]，摩擦力减小，当尾部坯料穿出一瞬间轴向力减小，轧辊给它的拽入力急剧降低，高温状态下管坯的塑形较好，容易挤入辊缝，金属横向与径向流动速度大于轴向流动速度，而进入辊缝中管坯旋转速度也减慢导致管尾三角形加剧。

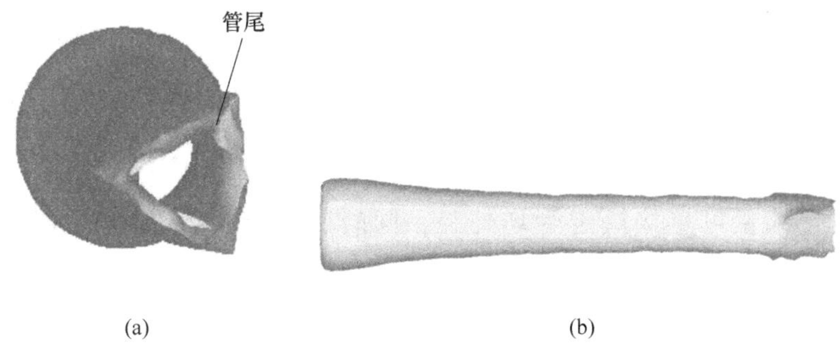

图 5-7 450℃轧后管坯形貌

(a) 管尾；(b) 管纵向

根据镁合金在斜轧穿孔过程中的应力、应变分布和温度场分布，确定了不同的工艺参数。在相同的温度下，图 5-8 显示了在顶头直径为 30mm、送进角为 9°、前伸量为 20mm 时，管坯加热温度与穿透率的关系。

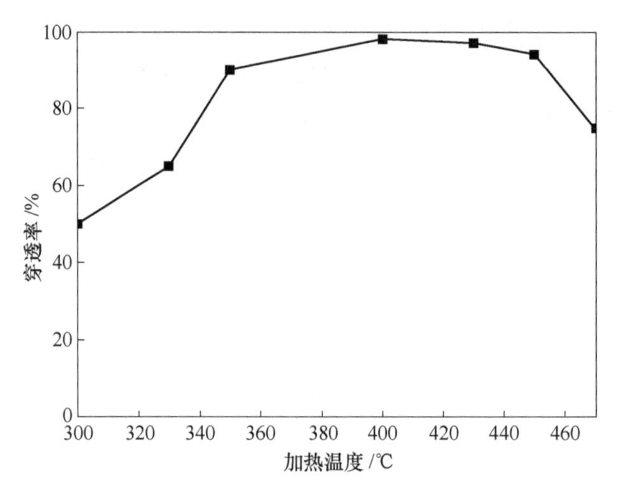

图 5-8 坯料加热温度与穿透率关系

如图 5-8 所示，轧制温度为 350～450℃，镁合金管穿透率达到 90%以上，而在 350℃以下和 450℃以上则逐渐下降。温度太高时，虽然镁合金发生动态再结晶使得变形抗力降低，容易发生塑性变形，但是加热过程中氧化严重，表面产生较厚氧化皮，导致坯料与轧辊的切向摩擦力降低，使得斜轧过程中轧制力及其切向力降低，则坯料不能继续向前转动进行穿孔，所以穿透率明显降低。温度太低时，由于镁合金本身的变形抗力过大，在斜轧穿孔过程中需要承受较大的变形力。而镁合金温度下降太快，坯料外表面头部温降使其切向摩擦力增大，导致轧制力迅速增大，管坯不能顺利轧制，再加上坯料尾部温降太大，不能满足穿孔的需求，会出现尾三角和穿不透的现象。结果表明，温度是影响镁合金斜轧穿孔成功与否的最重要因素。

5.3.2 径向压缩量对毛管穿透性及外径的影响

径向压缩量可直接决定管坯外径，同时影响其一次咬入的条件和穿透性。图 5-9 显示在加热温度 400℃、顶头直径 ϕ30mm、送进角 9°、前伸量 20mm 参数下，径向压缩量与管坯外径的关系。径向压缩量为 8%时，坯料没有满足一次咬入条件，根本无法进行斜轧穿孔。径向压缩量达到 10%～14%，满足一次咬入条件，接触面积增大使相应摩擦力增大，带动管坯螺旋前进，顺利穿孔。径向压缩量超过14%，轧制区域变长，加工所需时间变长，相应的摩擦力及顶头轴向阻力增大，虽然可以顺利斜轧穿孔，但是穿透率降低。所以，在径向压缩量10%~14%范围内可以顺利穿轧。

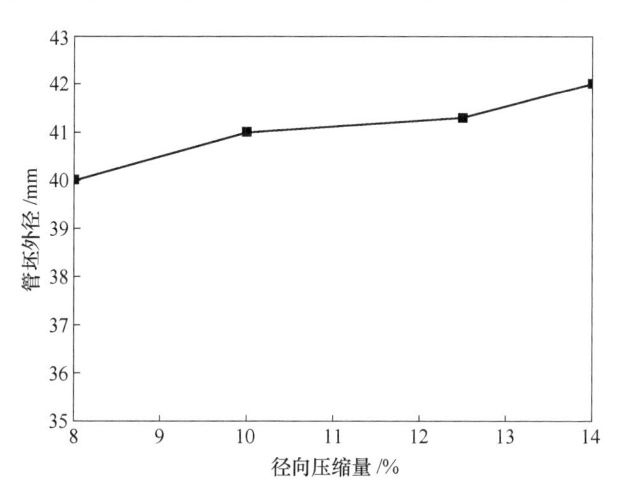

图 5-9 坯料径向压缩量与管坯外径的关系

5.3.3 顶头对毛管壁厚的影响

在三辊斜轧穿孔过程中，镁合金毛管壁厚与径向压缩量、顶头尺寸及顶头前伸量有关。其中，顶头尺寸对壁厚的影响最大。图 5-10 显示在加热温度 400℃、顶头前伸量 20mm、送进角 9°、径向压缩量 12.5%参数下，顶头直径与毛管壁厚的关系。

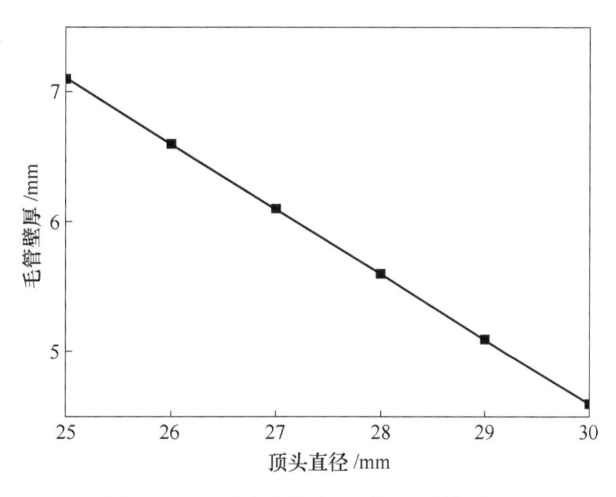

图 5-10 顶头直径与毛管壁厚的关系

从图 5-10 中可知：随着顶头直径的增大，毛管壁厚减小，但是每个顶头直径对应的管坯直径要比理论值小 0. 4mm，这是因为镁合金在三辊斜轧穿孔过程中受到三个轧辊的三向压应力，椭圆度较小，镁合金沿着轴向和切向流动，同时高速螺旋前进，与顶头之间存在离心力，管坯内径要扩张，此时管外侧受三向压应力，限制金属外侧在径向方向的延伸，则导致壁厚减薄。此外，顶头前伸量也与管坯的壁厚有关。图 5-11 显示在温度 400℃、径向压缩量 12. 5%、送进角 9°、顶头直径 ϕ30mm 参数下，顶头前伸量与管坯壁厚的关系。

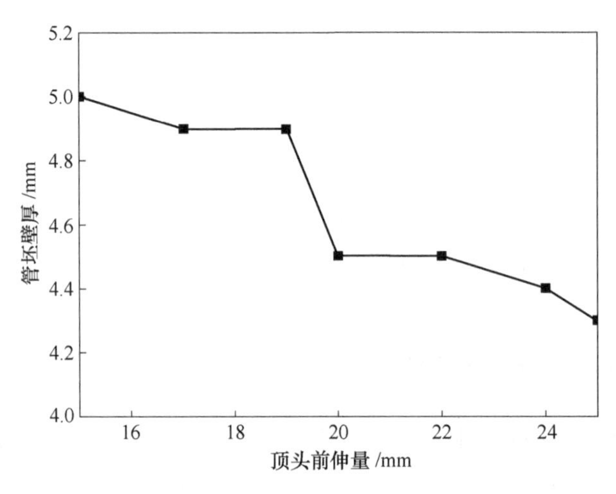

图 5-11 顶头前伸量与管坯壁厚的关系

从图 5-11 中可以看出，随着前伸量增大，管坯壁厚减小，壁厚在 1mm 范围内变化。在棒料直径与径向压缩量一定时，前伸量越大，即顶头伸出孔喉的值越大，相应的顶头前压缩量增大，管坯壁厚减薄，但是如果顶头前伸量太大，顶头前压缩量太大反而不利于二次咬入，穿孔过程不能顺利进行。所以为了保证镁合金顺利穿轧，前伸量应控制在 20mm 左右。

顶头前伸量太小，轴向力不足以顺利穿孔和轧制；前伸量太大，变形区显著缩短，增加了坯料的滑动和轴向阻力，阻碍后部的金属运动，且由于应力集中，进一步诱导顶头与管坯接触区域的微裂纹。当裂纹逐渐蔓延到内表面，导致管坯断裂，如图 5-12 所示。因此，应将顶头前伸量控制在 20mm 左右，以保证镁合金管的顺利穿透。

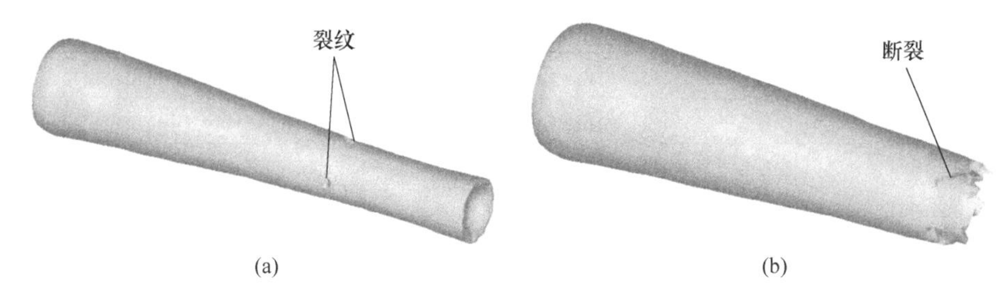

图 5-12 顶头前伸量太大引起的管坯断裂现象

（a）裂纹；（b）断裂

5.4 实验验证

5.4.1 实验样机

镁合金斜轧穿孔工艺实验在斜连轧实验样机上进行，此样机是由太原科技大学自主研发设计的热轧无缝钢管装备，如图 5-13 所示。装备的构成及特点详见本课题组王清华博士论文[10]，本穿孔工艺只使用此样机的穿孔部分，实验时后面的轧管侧孔喉全部打开，只起到辊道的作用。

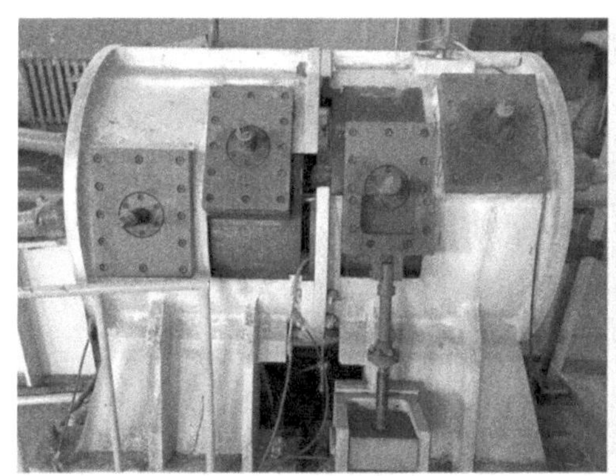

图 5-13 斜连轧实验机

实验样机穿孔侧的主要技术参数见表 5-2。

实验选用 AZ31 镁合金挤压棒，规格 ϕ40mm×300mm，为了使穿孔时顶头鼻部能对准坯料的轴线，在坯料的顶端钻有定心孔 ϕ15mm×15mm，图 5-14 所示为坯料试样。

表 5-2 实验轧机主要技术参数

坯料规格	外径/mm	ϕ25~50
	长度/mm	max. 400
穿出毛管规格	外径/mm	ϕ20~45
	壁厚/mm	1.5~15
	长度（最大）/mm	1000
	出口速度/$m \cdot s^{-1}$	0.15~0.2
主电机	穿孔段电机	22kW，1470r/min，3 台交流电机
	穿孔段减速机	减速比 1∶8.7
穿孔段轧辊	轧辊直径/mm	180~250
	轧辊辊身长度/mm	180
	送进角/(°)	4~15
	辗轧角/(°)	0~8
	轧辊转速/$r \cdot min^{-1}$	170
顶头	顶头直径/mm	25~35
芯棒	芯棒直径/mm	25~35
孔喉	孔喉直径/mm	25~35

图 5-14 坯料试样

5.4.2 数据采集系统

斜轧穿孔实验需要测量和采集的数据有：

(1) 穿孔前坯料的长度、直径，加热温度；穿孔后毛管的出口温度、壁厚及长度等。采用测温仪测量温度，采用超声波测厚仪测量毛管壁厚。

(2) 主机压下机构的压力传感器测量轧制力，顶头芯棒的传感器安装在小车中测量顶头轴向力。数据由压力传感器连接 CS-1A 型动态电阻应变仪和 XHCDSP 数据采集仪采集，输送回计算机，由计算机软件记录和保存（见图 5-15）。

图 5-15 力能参数数据采集系统

5.4.3 实验方案

受斜轧穿孔工艺要求及实验室设备限制，实验过程为：加热炉加热到300℃，理论上将坯料放入加热炉随炉加热到实验温度后保温 90~120min，但加热后的坯料出炉到被送至轧机的上料工位，坯料有一定的热量损失，所以加热炉设定温度需高于理论加热温度（30±5）℃。坯料送入轧机上料轨道，被轧辊一次咬入进行轧制，当遇上顶头后二次咬入开始进行穿孔过程。最后经轧管辊道，脱管。穿孔过程中记录轧制力、顶头轴向力。测量穿出的毛管几何尺寸并分析微观组织和织构，其中微观试样制备及分析方法同第 2 章中压缩试样的实验方案。

实验的主要目的：

(1) 验证镁合金斜轧穿孔工艺的可行性；

(2) 探索适合镁合金斜轧穿孔的工艺参数；

(3) 验证推导的镁合金三辊斜轧穿孔数学模型的准确性；

(4) 验证有限元模拟结果的准确性，探索有限元模拟参数与实验数据的一致性；

（5）从宏观和微观两方面分析轧后毛管质量，得到工艺参数对毛管宏观质量和微观结构的影响，微观调控组织得到宏观的高质量管。

镁合金斜轧穿孔实验主要工艺参数取值范围见表 5-3。

表 5-3 镁合金斜轧穿孔实验主要工艺参数

工艺参数	取值范围
送进角/(°)	7~9
辗轧角/(°)	0
轧辊转速/r·min^{-1}	170
孔喉直径/mm	34~36
前伸量/mm	10~28
轧件温度/℃	300~450

5.4.4 实验结果

5.4.4.1 毛管样品分析

图 5-16 为不同温度、不同送进角、不同前伸量工艺参数下穿轧的镁合金毛管样品。300℃穿孔，管坯尾部发生轧卡有 100mm 穿不透，原因同模拟中的 350℃的分析；400℃穿孔，送进角为 8°（管 1、2、3 顶头前伸量分别为 20mm、25mm、15mm），成功穿出镁合金无缝管外径为 40mm，壁厚为 5mm，长度最长达 695mm，管直径相对于长度的准确度达到±0.2mm，外表面无明显弯曲却发生氧化，外表面可观察到明显的螺纹道，在斜轧穿孔过程中是不可避免的，没有出现裂纹。图 5-16（d）中管内表面没有看到螺纹道，且管壁厚均匀；送进角 9°（管 4、5、6 顶头前伸量分别为 20mm、25mm、15mm），毛管样品表面与 8°相似，但是长度明显比 8°的要长，最长达到 815mm，反而此时前伸量对长度的影响不大，外表面的螺旋痕迹低于 8°，因此在工艺参数合理情况下穿轧的镁合金无缝管能够降低或消除表面螺旋道，从而满足后续工艺的进一步加工。观察其前端口及尾部形貌，如图 5-17 所示，头部内表面光滑质量好没有发现裂纹，管尾及附近区域内表面发现纵向裂纹，结合实验过程中温降分析裂纹产生原因，表 5-4 显示镁合金管坯在穿孔过程中温度变化。从表 5-4 中得知在穿制过程中镁合金温降特别

厉害，管尾温度从400℃降到290℃，温降梯度太大，尾部变形抗力增大，导致镁合金管塑性变差，温度低于350℃会有第二相析出，很容易产生裂纹，取裂纹处组织分析（见图5-18）。从图5-18发现组织内部有第二相$Mg_{17}Al_{12}$析出，一部分不规则块状第二相分布在晶界，另一部分球状第二相由不连续析出转变为连续析出，溶于基体中。450℃穿孔也能顺利穿出镁合金无缝管，但外表面依然存在明显的螺纹道（见图5-16（c））。

(a)

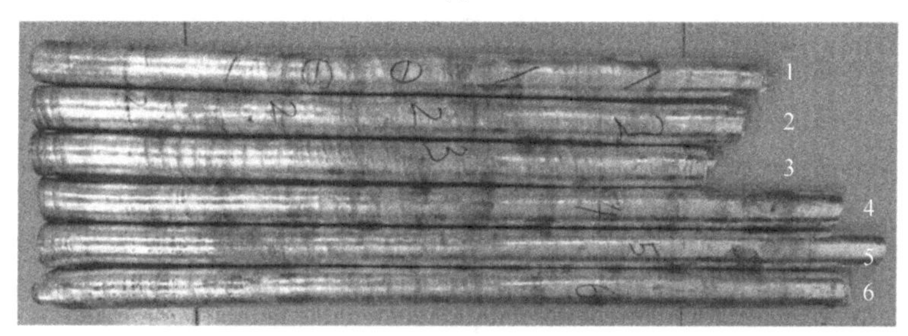

(b)

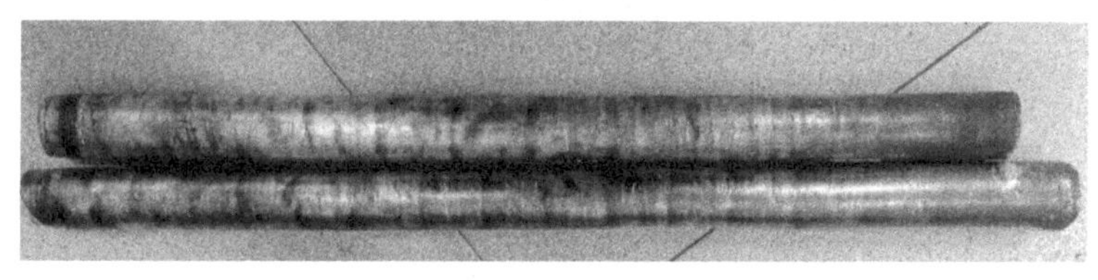

(c)

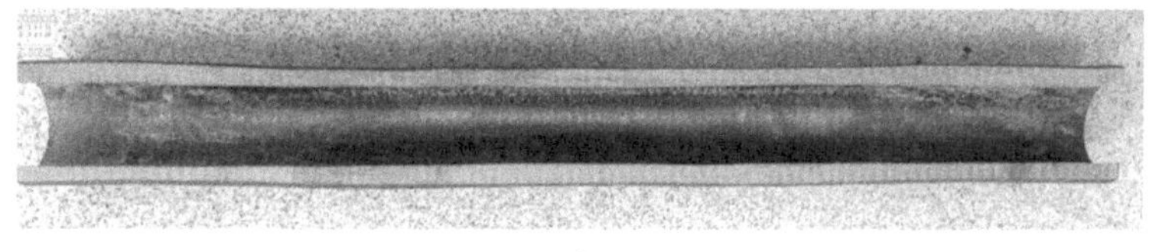

(d)

图5-16 不同工艺参数下穿轧的镁合金无缝毛管样品

（a）300℃；（b）400℃；（c）450℃；（d）管内表面

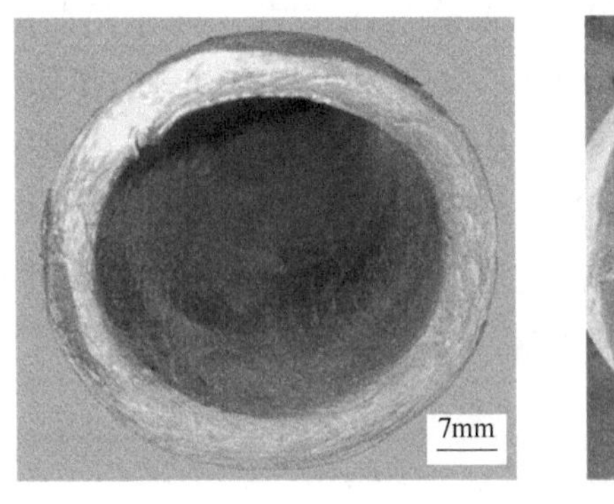

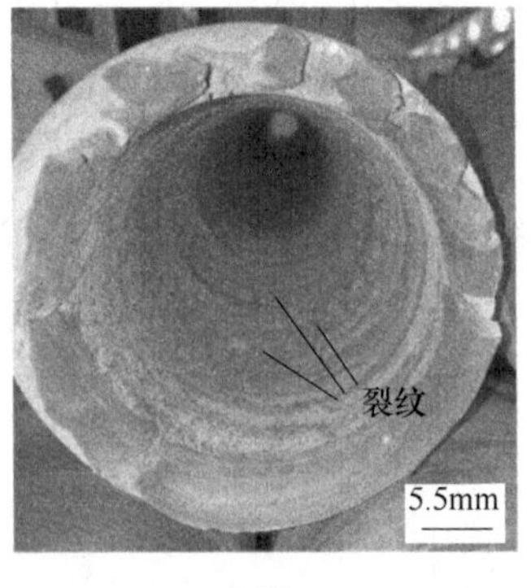

(a) (b)

图 5-17 400℃穿轧的镁合金无缝毛管样品

(a) 管端；(b) 管尾

表 5-4 穿孔过程中坯料管尾温度变化

温度/℃	开始轧制	轧制中	轧制完
	400	380	290

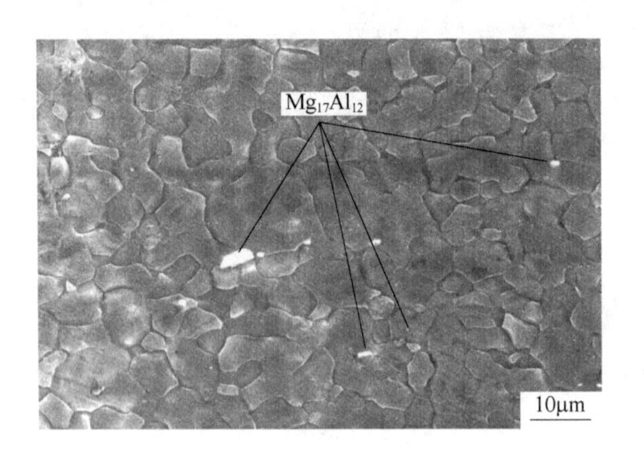

图 5-18 穿孔后 AZ31 无缝管裂纹处组织

对温度 400℃、不同送进角与顶头前伸量穿孔得到的毛管进行壁厚分析，沿着毛管长度方向每隔 35mm 取点，采用超声波测厚仪测量此位置周向 3 点的壁厚，然后取平均值，如图 5-19 所示，横坐标为所取点位置，纵坐标为壁厚大小。从图 5-19 中可知：送进角 8°的镁合金无缝管壁厚比 9°的大，主要集中在 5mm 以上，显然与上文中毛管长度相对应，即要比 9°的长度短。相同送进角、不同前伸量轧后毛管壁厚也不同，前伸量 20mm 参数下穿成的毛管壁厚数值波动范围小，说明沿着管长度方向壁厚比较均匀，但是送进角8°的管在长度方向超过650mm后的壁厚明显减小。随着前伸量的增加壁厚减小，这与第6章中模拟得到的结果相一致。可见，送进角9°、前伸量20mm参数下轧出的镁合金管沿着长度整个壁厚最均匀，且表面质量最优。

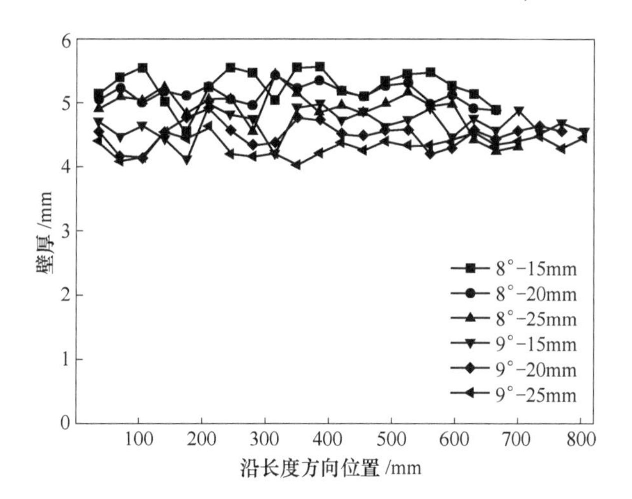

图5-19 不同工艺参数下AZ31无缝毛管壁厚（400℃）

5.4.4.2 三辊斜轧穿孔工艺的力能参数分析

图5-20为400℃、不同送进角、顶头前伸量下的轧制力和轴向力。从图

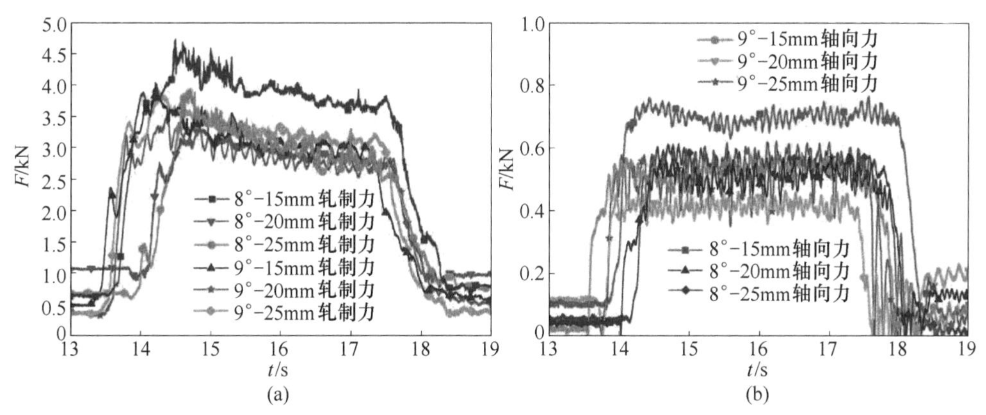

图5-20 不同工艺参数下实验值（400℃）

（a）轧制力；（b）轴向力

扫一扫
看彩图

5-20 中可以看到，送进角一定情况下，随着顶头前伸量增加轧制力先减小后增加，这与传统的规律也不一样，同样轴向力也是先减小后增大。顶头前伸量 20mm 是个分界线。从实验测得数据可知穿孔过程较平稳，轧制力与轴向力波动范围较小。在温度 400℃、送进角 9°、前伸量 20mm 工艺参数下所需的轧制力和轴向力最小，分别为 3.5kN 和 0.4kN，此外实验时发现设备振动最小且较平稳。

5.4.5 实验与模拟对比

壁厚变化规律的模拟与实验结果一致。

相比前文有限元模拟的轧制力与轴向力曲线，以温度 400℃、送进角 9°、前伸量 20mm 工艺参数的数据为例，设 l 为有限元模拟的轧制力 P_{FEM} 与实验中轧制力 P 的比值，即

$$l = \frac{P_{FEM}}{P}$$

可得 $l=1.57$。

设 m 为有限元模拟获得顶头轴向力 F_{z-FEM} 与实验中顶头轴向力 F_z 的比值，即

$$m = \frac{F_{z-FEM}}{F_z}$$

可得 $m=2.5$。

分析 l、m 可知，此工艺参数下得到的轧制力和轴向力略比模拟数据要小，特别是轴向力，这可能是一些理论模型精确度不够，不能百分百完全符合实际生产，需后续建立更加准确的模型来指导实际生产。

目前用顶头轴向力与轧辊轧制力比值来表征穿孔过程力能参数条件。顶头轴向力的理论计算复杂，一般采用实验得出的经验公式计算。传统的三辊斜轧穿孔工艺采用经验公式 $F_z=(0.35\sim0.5)P$ 计算[11]。对于镁合金三辊斜轧穿孔工艺的实验，本章仍采用轧制力与轴向力的比值分析力能数据，即

$$k = \frac{F_z}{P} \tag{5-1}$$

式中 P——轧制力，kN；

F_z——顶头轴向力，kN。

以温度 400℃、送进角 9°、前伸量 20mm 工艺参数的实验数据为例，安

装在后台小车中的压力传感器测得轴向力约为0.4kN。在相同工艺参数下，利用三辊穿孔工艺的经验公式计算的轴向力为1.25kN，与镁合金实际实验数据相差太大，说明传统的公式已经不适合镁合金斜轧穿孔的力能参数分析。本章由模拟与实验数据得出轧制力与轴向力的比值系数，分析有限元模拟数据获得的轧制力与轴向力的比值，即$k=0.2\sim0.36$，分析实验数据得到轧制力与轴向力的比值，即$k=0.11\sim0.16$，比经验公式计算数据小，与模拟数据相差不大，再次说明传统公式已经不适合镁合金斜轧穿孔力能参数分析。有限元中网格重分、网格大小、摩擦系数以及其他参数都会影响有限元计算的结果，但是有限元计算可以为实验和生产提供有益的指导。此外，镁合金本身对温度敏感，加上本身特有的结构，在实验中影响因素较多也会存在一定的误差。

5.5 本章小结

基于三维刚塑性有限元原理，利用有限元软件Deform-3D对镁合金三辊斜轧穿孔成形过程进行数值模拟，分析了穿孔过程中的应变、应力、温度场、力能参数的变化规律，以及不同工艺参数对管坯质量的影响，并在课题组自主研发的三辊斜连轧机组上进行实验研究，验证了三辊斜轧穿孔镁合金管材工艺的可行性，在工艺参数设置合理的情况下能够实现顺利穿出镁合金无缝管。镁合金三辊斜轧穿孔过程中，管坯与轧辊接触区内各点应力状态均为三向压应力，但辊缝区域则受到三向的拉应力，且拉应力和压应力相互交变作用；在轧制区，管坯轴心中部的材料受到微小的压应力，因此不会出现中心疏松或撕裂情况。管坯温度小于350℃和高于450℃时穿透率明显降低，在350~450℃之间穿透率都达到90%以上，所以温度是影响镁合金斜轧穿孔成功最关键的因素。径向压缩量达到10%~14%，满足一次咬入条件，可以顺利穿轧。在其他参数合适条件下，前伸量应控制在20mm左右，可顺利穿孔。

参考文献

[1] 苟毓俊，双远华，周研，等. AZ31B镁合金管材纵连轧损伤与温度场探索性研究[J]. 稀有金属材料与工程，2017，46（11）：3326-3331.

[2] 李伟，楚志兵，王环珠，等. 基于元胞自动机的三维晶粒长大动力学研究（英文）

[J]. 稀有金属材料与工程, 2020, 49 (12): 4088-4096.

[3] Wang F J, Shuang Y H, Hu J H, et al. Explorative study of tandem skew rolling process for producing seamless steel tubes [J]. Journal of Materials Processing Technology, 2014, 214 (8): 1597-1604.

[4] Furushima T, Manabe K. Experimental and numerical study on deformation behavior in dieless drawing process of superplastic microtubes [J]. Journal of Materials Processing Technology, 2007, 191: 59-63.

[5] Yoshihara S, Donald B M, Hasegawa T, et al. Design improvement of spin forming of magnesium alloy tubes using finite element [J]. Journal of Materials Processing Technology, 2004, 153/154 (22): 816-820.

[6] 卢于逑, 王先进. 二辊斜轧穿孔时圆坯断面的变形分布和发展 [J]. 金属学报, 1980 (4): 470-479.

[7] Mori K I, Yoshimura H, Osakada K. Simplified three-dimensional simulation of rotary piercing of seamless pipe by rigid-plastic finite-element method [J]. Journal of Materials Processing Technology, 1998, 80/81: 700-706.

[8] 李胜祗, 孙中建, 李连诗. 实心坯二辊斜轧过程三维热-力耦合分析 [J]. 北京科技大学学报, 2000 (1): 52-55.

[9] Reiner Kopp, Herbert Wiegels. Einführung in die Umformtechnik [M]. Rheinland-Pfalz: Mainz, 1999.

[10] 王清华. 钢管斜连轧装备的智能控制与试验研究 [D]. 太原: 太原科技大学, 2017.

[11] 丁立军. 斜轧穿孔轴向力的确定 [J]. 山西冶金, 2001 (3): 50-52.

6　镁合金无缝管轧制微观组织及性能

6.1　实验方案

6.1.1　拉伸性能测试

为了通过斜轧穿孔工艺生产高质量的镁合金无缝管，需对穿出的毛管进行拉伸实验测试其力学性能，以比较不同工艺参数下管坯的力学性能，并结合微观机制得出适合的工艺参数，为控制组织得到优质管提供理论基础。室温条件下进行力学性能测试实验，采用不同工艺参数下穿孔实验后的管坯，按《变形铝、镁及其合金加工制品拉伸试验用试样及方法》（GB 16865—2013）截取弧形试样（见图 6-1），实验在 WDW-200E 万能材料试验机上进行，如图 6-2 所示。通过此次实验观察不同温度、不同送进角、不同顶头前伸量对镁合金毛管的抗拉强度、屈服强度和伸长率的影响。

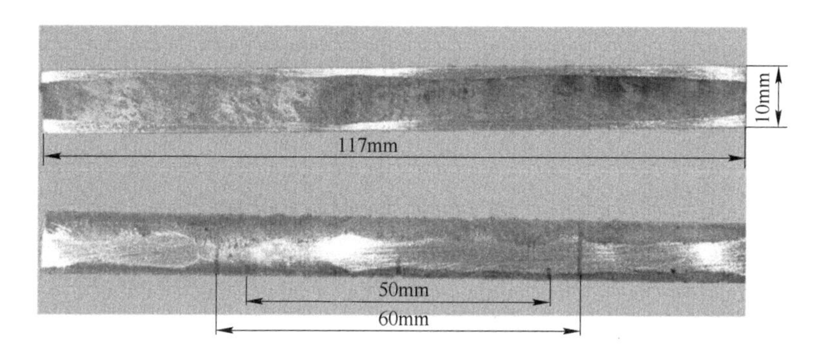

图 6-1　拉伸试样示意图

通过线切割机切好规定尺寸试样，为保证试样两端夹紧，需采用 600 号砂纸打磨两端，从试样中间向两边标记 2 条平行线的水平距离 50mm 作为标距；实验前测量标距间试样的宽度和壁厚，精确到 0.01mm，各测量 5 次，取其算术平均值；试样安装时，保证试样长度方向的中心线重合于上下夹头

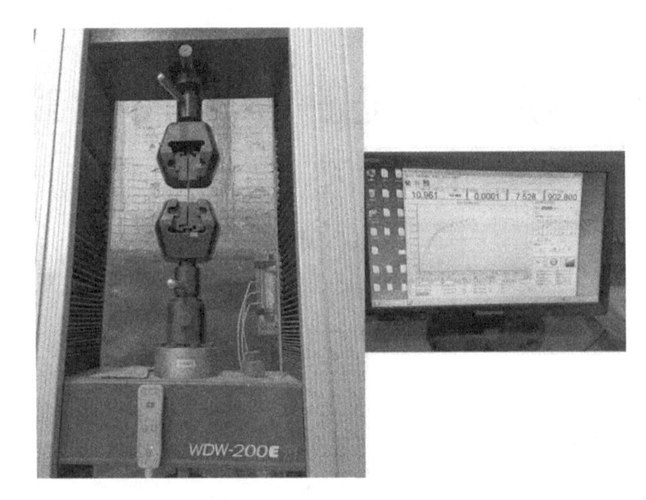

图 6-2 WDW-200E 万能材料试验机

的（螺钉紧固）中心连线，紧固试样时，力度适宜，过力端部处容易产生应力集中，导致拉伸过程中从夹紧端根部断裂；拉伸速度为 0.5mm/min，实验过程中试验机自带测试和记录系统，记录屈服点和断裂点的负荷，以及标距范围内的伸长量。为了对比原料的力学性能，按 117mm×10mm×5mm（管壁厚）从挤压棒取料。

6.1.2 微观组织测试

取不同参数实验后的毛管，沿轴向方向切取试样，分别进行微观组织实验，具体实验步骤参照第 2 章实验方案中微观组织测试方法。

6.2 毛管微观组织分析

6.2.1 不同温度下毛管微观组织演变

送进角 9°、前伸量 20mm 的不同温度下毛管试样组织演化如图 6-3 所示。图 6-3（a）为原始挤压态试样微观组织，平均晶粒尺寸为 35μm，总体上穿孔后试样组织晶粒变小。300℃（见图 6-3（b））时发现大晶粒晶界附近分布着少量的动态再结晶晶粒，而且大晶粒内部存在大量的孪晶，这是由于镁合金低温变形时独立滑移系较少，而在晶界附近产生应力集中，造成全位错塞积，加剧应力集中，促进孪晶形核来协调塑性变形[1]。粗晶内位错滑移程大，晶界附近应力集中严重更容易发生孪晶，而大量的孪晶促使裂纹形核[2]。400℃（见图6-3（c））时组织内没有发现明显的加工流线，说明镁合金在斜轧穿孔时金属沿横向和切向流动的速度差不多[3]，变形较其他工艺均匀，动态再结晶较完全，未形成明显的应力集中。此温度下孪晶完全消失，且晶粒呈等轴状均匀分布，晶粒显著细化，尺寸达到5μm。这是由于随着温度的升高，促进滑移、攀移和交滑移的发生，增加再结晶的形核率，增强晶界迁移能力，显然温度升高促进了镁合金动态再结晶发生[4]。450℃（见图6-3（d））时晶粒还呈等轴状分布，但是新晶粒出现不同程度的粗化，晶粒尺寸达到18μm，虽比原始态晶粒小但比400℃的晶粒尺寸大，管坯内部易产生缺陷，严重影响管坯质量。总之，斜轧穿孔工艺可以细化晶粒，温度太低有大量孪晶出现诱导裂纹产生，温度太高晶粒会粗化，组织不均匀。从图6-3（e）中可以看出，类似管坯表层，基体金属组织没有明显氧化层，表明实验所选择400℃穿孔温度是合理的。

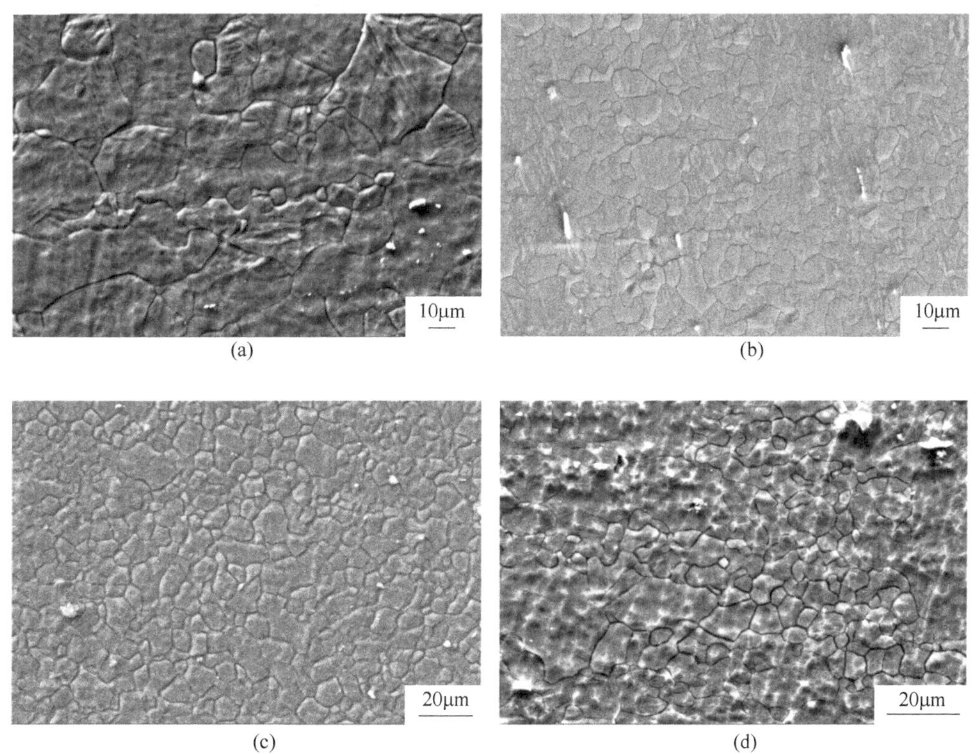

(a) (b) (c) (d)

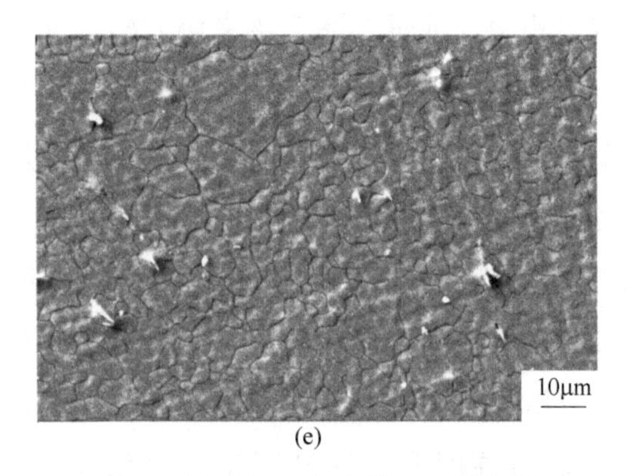

(e)

图 6-3 不同温度下穿孔前后试样组织

(a) 挤压态；(b) 300℃-20mm 轴向组织；(c) 400℃-20mm 轴向组织；
(d) 450℃-20mm 轴向组织；(e) 400℃-20mm 周向组织

6.2.2 不同送进角下毛管微观组织演变

图 6-4 为 400℃、不同送进角和前伸量穿孔后毛管的轴向微观组织。比较图 6-4（a）、图 6-4（b）及图 6-3（c），不同的送进角对应的毛管轴向组织呈等轴状分布，相比 7°、8°，送进角 9°参数下的组织晶粒大小均匀，晶粒尺寸达 5μm。虽然 7°也能穿出镁合金无缝管，但是组织晶粒粗大，晶粒尺寸达到 20μm，大晶粒内部出现孪晶，这是由于此角度下变形过程中位错密度增加，导致应力集中，产生孪生来协调变形[5]。而 8°情况下虽然组织较 7°均匀，但是出现了空洞缺陷，表明毛管内部存在缺陷。总之，随着送进角的增大，毛管组织晶粒减小，这是由于送进角增大引起变形区缩短，轧制轴向速率增大，变形区内管坯每转压下量增加，相应变形储能增加引起 DRX 形核增加，加之穿孔需要的时间缩短，那么已发生 DRX 的晶粒长大时间缩短，故导致 9°时晶粒尺寸达到最小且更加均匀。因此，除了温度是影响穿孔成功的关键因素外，送进角影响到组织均匀性及晶粒的大小，若想得到高质量高性能管坯需选择合适的送进角大小。

6.2.3 不同前伸量下毛管微观组织演变

从图 6-3（c）、图 6-4（c）、图 6-4（d）可知，不同前伸量下的毛管组织内部晶粒呈等轴状分布，20mm 前伸量的组织晶粒最均匀，15mm 前伸量组织较均匀且平均晶粒尺寸大于 20mm 的，前伸量 25mm 的组织平均晶粒

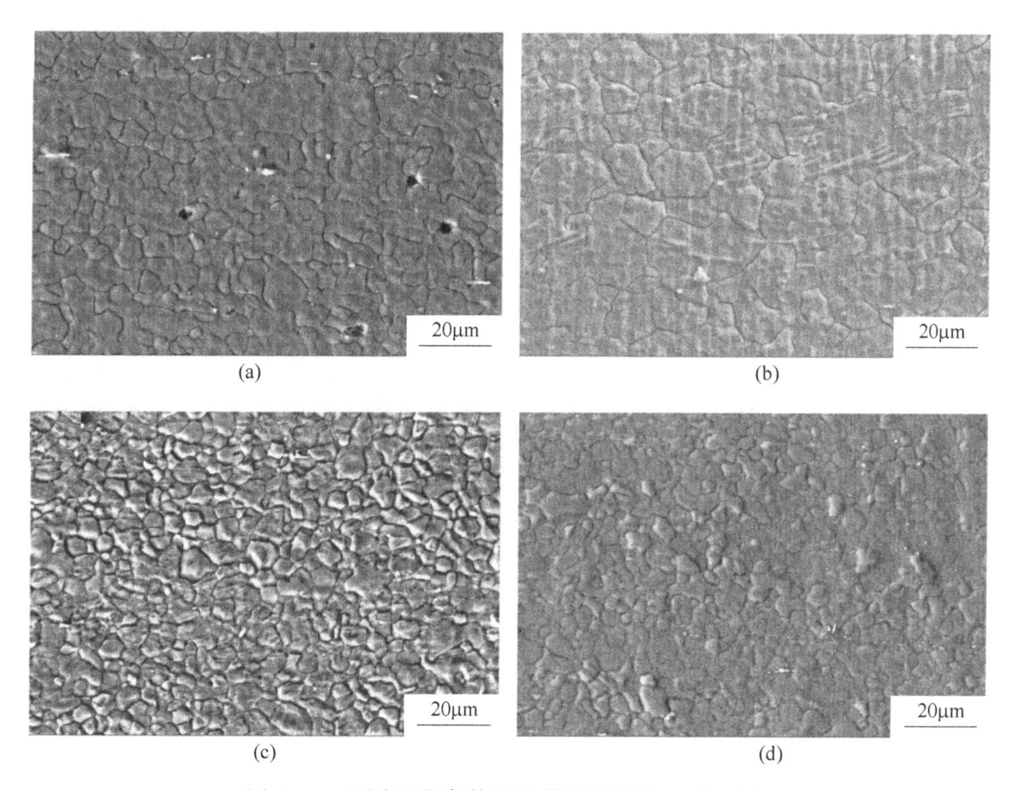

(a) (b) (c) (d)

图 6-4 不同工艺参数下毛管试样组织（400℃）
（a）8°-20mm；（b）7°-20mm；（c）9°-15mm；（d）9°-25mm

尺寸达 3μm，但组织不均匀。总之，随着前伸量的增大，毛管微观组织平均晶粒尺寸减小，虽然前伸量小于 20mm，轧制力随着前伸量的增大而减小；前伸量大于 20mm，轧制力随着前伸量的增大而增大，但随着前伸量的增大，即顶头越靠前端，则归圆区与孔喉的垂直距离越小，导致横截面的秒流量增大，即轧制轴向速度增大，则穿孔时间缩短，DRX 的晶粒长大的时间缩短，最终导致组织晶粒尺寸变小，而前伸量 20mm 的组织平均晶粒达到 5μm，比 25mm 的稍大，但组织比其均匀。

6.2.4 动态再结晶预测模型实验结果分析

为了验证 DRX 模型的准确性，本章分别选取 300℃、400℃、450℃温度（前伸量 20mm、送进角 9°、孔喉 ϕ35mm）穿孔后的毛管微观组织进行 DRX 统计，与预测模型计算的理论值进行比较。图 6-5 为 400℃的组织 DRX 分布情况，统计的 DRX 体积分数为 78.59%，同样参数下通过前文的预测模型计算得到的 DRX 体积分数为 91%，前文提到通过软件统计的 DRX 体积分数达到 70%，认为已经完全 DRX，与理论计算的体积分数相吻合。

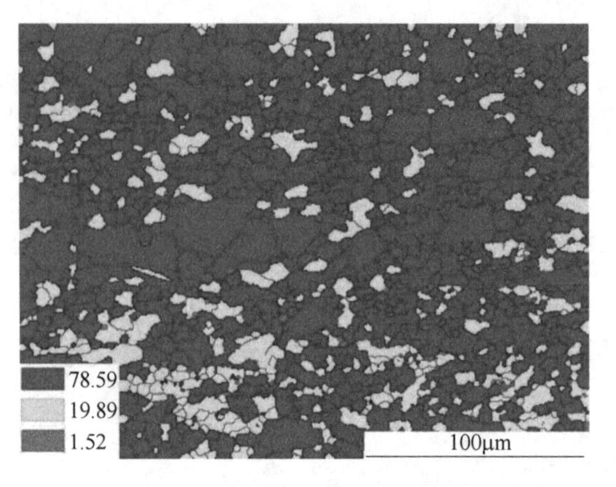

图 6-5 400℃的组织动态再结晶组织分布

不同温度 DRX 预测模型计算和实验所测的 DRX 晶粒尺寸统计于表 6-1。将其计算结果进行对比，400℃和 300℃的理论计算与实验数值相对误差较小，而 450℃温度下，部分 DRX 已经长大，晶粒大小不均，选取微区观察 DRX 晶粒会产生误差。400℃和 300℃的 DRX 预测模型较精确，可以为后续的实验预测 DRX 晶粒尺寸，而 450℃需后续选取更多微区测试 DRX 晶粒尺寸，修正其模型，提高预测精度。

表 6-1 不同温度穿孔后毛管 DRX 晶粒尺寸统计

温度/℃	DRX 晶粒尺寸/μm		
	理论计算	实验	相对误差/%
300	3.31	3.61	9.1
400	6.04	5.25	13
450	10.72	15.32	43

6.3 毛管微观组织晶粒取向分析

根据第 3 章分析的热加工镁合金微观晶粒取向可知：毛管的微观组织晶粒取向主要与温度和加工方式有关。取送进角 9°、前伸量 20mm，不同温度 300℃、400℃、450℃斜轧后的毛管进行晶粒取向分析，如图 6-6 所示。

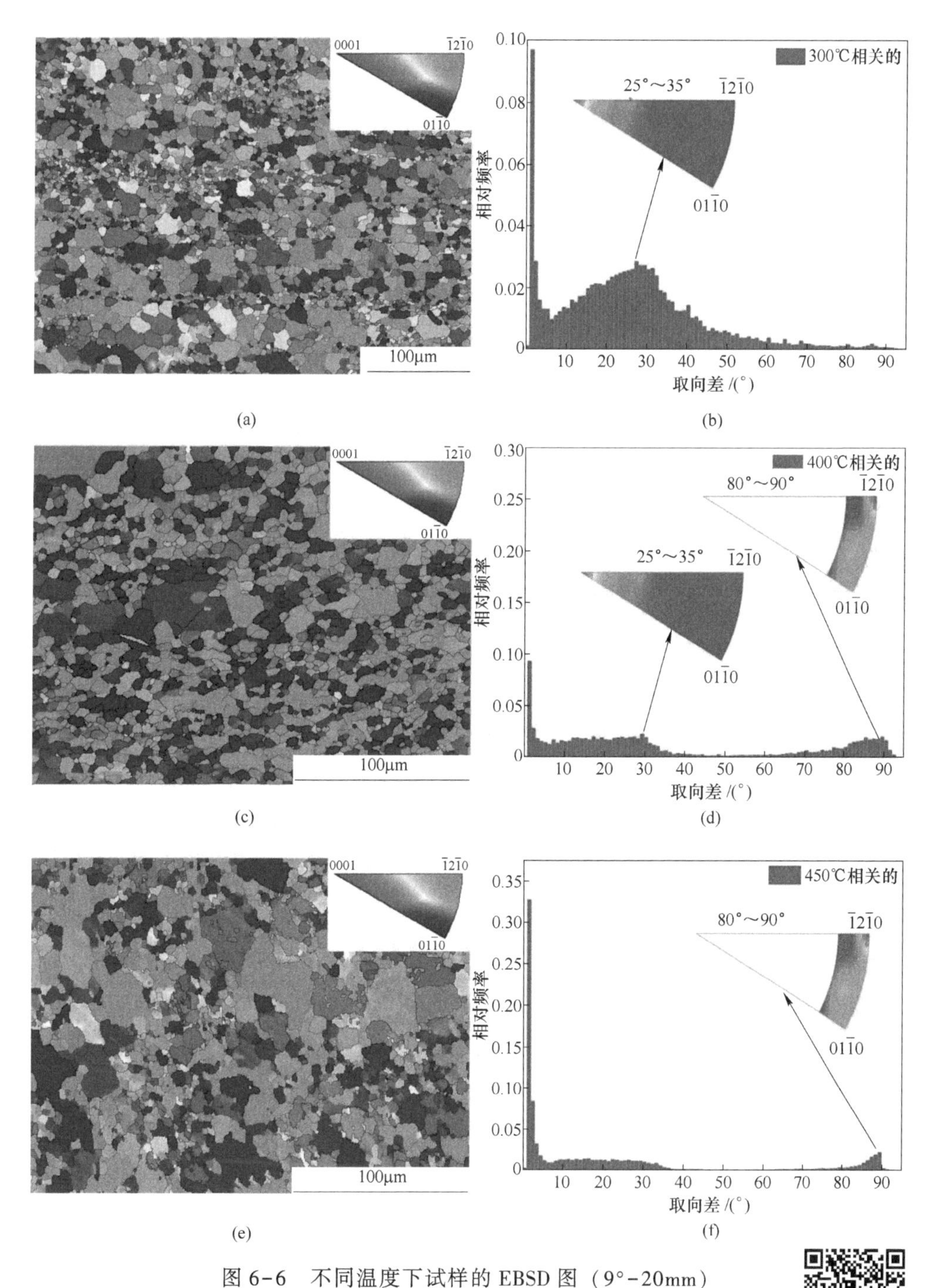

图 6-6 不同温度下试样的 EBSD 图（9°-20mm）

（a）300℃的 IPF 取向图；（b）300℃取向差；（c）400℃的 IPF 取向图；（d）400℃取向差；（e）450℃的 IPF 取向图；（f）450℃取向差

扫一扫
看彩图

从图 6-6 可知，采用不同温度轧制后晶粒取向不均匀分布，相比其他温度，400℃温度穿孔后的晶粒取向相对均匀，基面取向完全消失。300℃时原始挤压态的基面取向消失，被不同的柱面取向代替。观察图 6-6（b）发现取向差角在 25°~35°之间大幅度增加，在 30°达到局部峰值，转轴弥散分布于（$\bar{1}2\bar{1}0$）和（$01\bar{1}0$）之间[6]。轧制过程中小角度亚晶界不断吸收位错转变为大角度晶界，亚晶转动发生 DRX[7]，形成最终的晶粒，故此温度小角度晶界较少，出现大量的 30°晶界。400℃穿孔，取向差角在 25°~35°之间分布均匀，且在 80°~90°之间增加，转轴集中在（$\bar{1}2\bar{1}0$）附近，可知有大量的拉伸孪晶出现，晶粒转动 86.3°，协调塑性变形，在孪晶界及内部诱导 DRX 形核，原始晶界逐渐被 DRX 所取代，大角度晶界均匀分布，减弱原始柱面织构。450℃穿孔，取向图中出现了橘黄色颜色，晶粒取向又变得不均匀（见图 6-6（e））。取向差角在小角度范围内增加，仍然有 80°~90°之间取向差角，表明存在少量的孪晶，在此高温下，除了发生基面滑移、拉伸孪晶外，其他柱面滑移和锥面滑移等非基面滑移激活，发挥重要作用，使得织构更加复杂，除了变形织构外还存在 DRX 织构。

分析不同温度下形成的织构组分及强度，图 6-7 为不同温度下试样的极图和反极图分布。300℃时原始态的基面织构完全消失，依然为混合织构，其成分为：$\{10\bar{1}0\}\langle11\bar{2}0\rangle$和 $\{11\bar{2}0\}\langle10\bar{1}0\rangle$柱面织构。织构减弱，最强极密度降低为 12.41。400℃时织构成分同 300℃，此温度的柱面织构 $\{10\bar{1}0\}\langle11\bar{2}0\rangle$向 ND 方向偏转了 5°，而 $\{11\bar{2}0\}\langle10\bar{1}0\rangle$织构减弱，极密度为 4。对应的反极图中晶向$\langle11\bar{2}0\rangle$平行于轧制方向，此时大部分晶粒的晶面 $\{10\bar{1}0\}$ 平行于轧制方向，且晶向$\langle11\bar{2}0\rangle$平行于轧制方向，此时晶粒 c 轴与轧制力方向垂直，利于拉伸孪晶发生，这与取向差图中的结果统一。拉伸孪晶转动 86.3°使变形中硬取向变为软取向，协调轧制过程的塑性变形。说明此温度形成的织构是有利织构，便于穿孔过程塑性变形，后续将结合管拉伸性能深入分析。此温度的织构最强极密度达到 11.94，远小于原始态极密度强度。450℃时柱面织构角度发生偏转，有新织构出现，由于混合织构组分复杂，需结合 ODF 图进行确定，对于六方结构的镁合金只需选取 ϕ_2 为 0°和 30°进行分析，如图 6-8 所示。结合 ODF 图可知，此温度下织构为 $\{10\bar{1}0\}\langle11\bar{2}0\rangle$和 $\{10\bar{1}0\}\langle44\bar{2}1\rangle$，$\{10\bar{1}0\}\langle44\bar{2}1\rangle$为 DRX 织构，这是由于此温度下已发生 DRX 的晶粒长大，其各晶面长大速度各异，即晶粒选择性生长，故而织构开始变强，相应的最大极密度达到 23.65，超过原始态的织构强度。

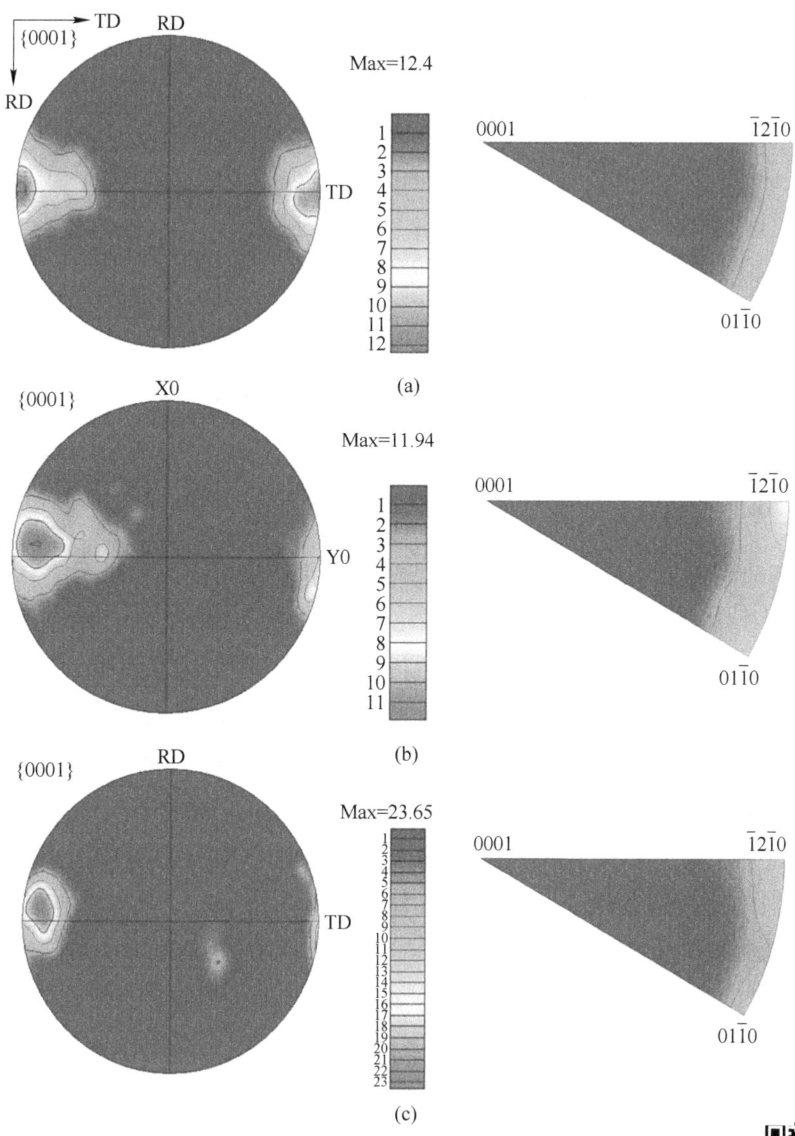

图 6-7 不同温度下试样的极图和反极图（9°-20mm）

（a）300℃；（b）400℃；（c）450℃

扫一扫
看彩图

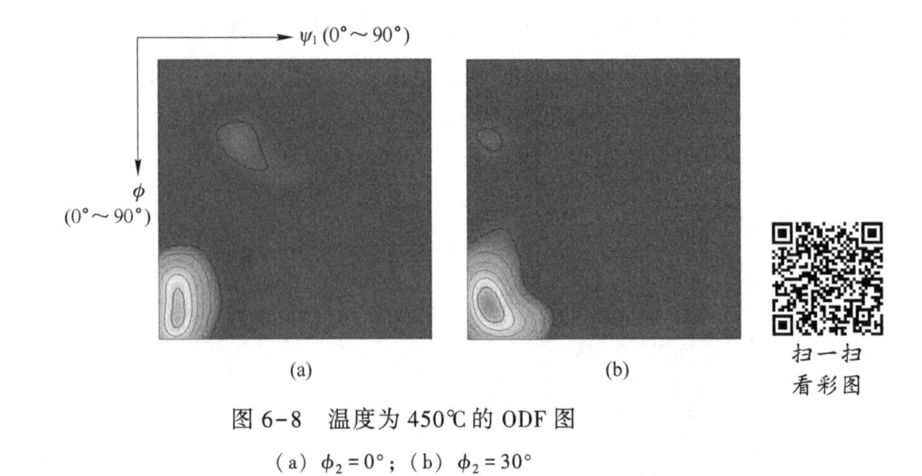

图 6-8　温度为 450℃ 的 ODF 图

(a) $\phi_2=0°$；(b) $\phi_2=30°$

6.4　毛管力学性能分析

6.4.1　不同参数穿孔后毛管的力学性能分析

拉伸性能是检验镁合金毛管性能的重要指标，400℃ 不同工艺参数穿孔后的毛管拉伸应力-应变曲线如图 6-9 所示。表 6-2 列出了相应的力学性能。可以看出，与原料相比，穿孔后的毛管抗拉强度增加，除了 400℃-9°-25mm 参数的屈服强度增加外，其他都降低。同时伸长率从 11% 提升到 15%～20%。一般用屈强比（屈服强度与拉伸强度的比值）来衡量塑性好坏，穿孔后的毛管的屈强比都降低，表明塑性提高。400℃-20mm，随着送进角的增加，屈服强度和拉伸强度都升高，屈强比与伸长率都增大，9°送进角伸长率最大达到 20%，综合力学性能提高。400℃-9°，随着前伸量的增加，屈服强度增加，拉伸强度先升高后减小，屈强比由 0.43 增加到 0.58，伸长率先增加后减小。综合分析，采用前伸量为 20mm 穿孔后毛管综合力学性能最好，而送进角 8°与 9°参数的毛管综合力学性能差不多，采用 9°送进角穿孔后的毛管综合力学性能最优。相比送进角，前伸量的大小对毛管力学性能的影响较大。采用 400℃-9°-20mm 参数穿孔后的毛管屈服强度为 138MPa，拉伸强度为 290MPa，屈强比为 0.48，伸长率可达 20%，通过挤压方式生产同种规格的 ϕ40mm 镁合金无缝管的屈服强度达到 190MPa，抗拉强度达到 240MPa，伸长率达 12%，相比之下，采用三辊斜轧穿孔得到的镁合金无缝管综合力学性能更优。

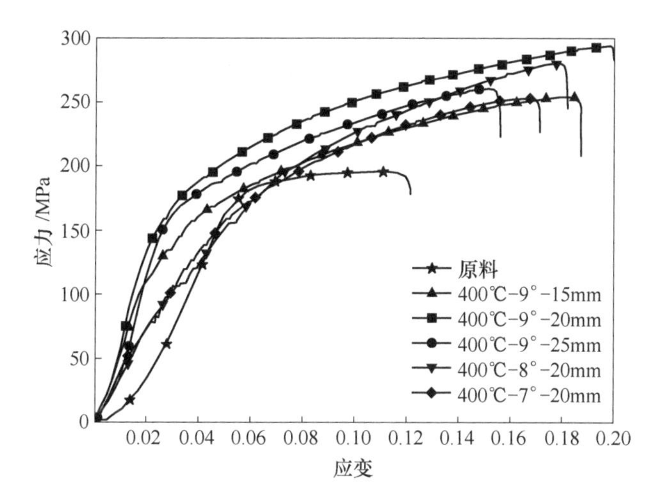

图 6-9 不同参数穿孔后毛管的拉伸曲线

表 6-2 不同参数穿孔后毛管力学性能

试样	屈服强度/MPa	抗拉强度/MPa	屈强比	断后伸长率/%
原料	139	196	0.71	11
400℃-9°-15mm	109	254	0.43	18
400℃-9°-20mm	138	290	0.48	20
400℃-9°-25mm	152	261	0.58	15
400℃-8°-20mm	136	281	0.48	18
400℃-7°-20mm	96	253	0.38	17

6.4.2 力学性能与微观组织的关系

采用三辊斜轧穿孔后坯料的力学性能提升，同时镁合金微观组织内部晶粒大小及晶粒取向也发生了变化。通过前文分析可知：随着送进角和前伸量增加，组织晶粒较小，将最大送进角与最大前伸量组合的工艺参数得到的组织晶粒尺寸必然是最小的，晶粒尺寸可达3μm。根据Hall-Petch关系式[8,9]：

$$\sigma_s = \sigma_0 + Kd^{-1/2} \tag{6-1}$$

可知穿孔后毛管的屈服强度随着组织晶粒尺寸的减小而增大。另外，屈服强度与平均Schmid因子成反比[10]。有学者认为：强基面织构和细小的晶粒阻止孪生变形，非基面滑移开动可提高塑性[11]。相比原始态，按Hall-Petch理论：毛管组织晶粒细化则屈服强度增大，然而却降低了，而轧后发现基面织构消失了，只剩柱面织构。说明在不同变形条件下，屈服强度除了受到晶粒尺寸影响外，主要还与织构相关[12]。轧后毛管抗拉强度升高 57～94MPa，与柱面织构的形成有关。综上所述，屈服强度和拉伸强度的变化同时受组织晶粒大小和织构类型及强弱影响，而织构与 Schmid 因子密切相关，则

$$\sigma_s = \tau_c/m \tag{6-2}$$

式中 τ_c——晶体临界剪切应力，MPa；

m——Schmid 因子。

当组织内部存在晶粒取向时，认为：

$$\sigma_{s-t} = \tau_{c-t}/m_t \tag{6-3}$$

多晶体中，假设 τ_{c-t} 是一个与晶体取向无关的常数，则与无晶粒取向的 τ_r 相等。则相应的 Hall-Petch 关系式可表示为：

$$\sigma_{s-t} = \frac{m_r}{m_t}(\sigma_0 + Kd^{-1/2}) \tag{6-4}$$

而有学者已通过无织构的粉末 AZ31 镁合金测出其平均取向因子为 0.3，则最终的 Hall-Petch 关系式可表示为：

$$\sigma_{s-t} = \frac{0.3}{m_t}(\sigma_0 + Kd^{-1/2}) \tag{6-5}$$

用式（6-5）可以解释穿孔后毛管的屈服强度没有随着晶粒细化而增大，基面织构的消失加上 DRX 发生使得晶粒处于软取向，故毛管在室温拉伸时基面滑移更易启动，相应的屈服强度降低。管坯拉伸伸长率由原来的 11%提高到 15%～20%，一方面是由于晶粒细化；另一方面是由于基面织构的消失与柱面织构的生成更有利于基面滑移。综上所述，为了得到优质无缝镁合金管，应该采用温度 400℃、送进角 9°、前伸量 20mm 工艺参数进行斜轧穿孔。

6.5 本章小结

本章对穿孔后的毛管进行微观组织及力学性能测试，讨论了不同温度、送进角及前伸量对微观组织演变的影响规律。400℃穿制的镁合金无缝管组织内无明显的加工流线，变形较其他工艺均匀，动态再结晶较完全，未形成明显的应力集中，晶粒呈等轴状均匀分布，晶粒尺寸显著细化，前伸量 20mm 参数下晶粒尺寸达到 5μm。随着送进角和前伸量数值的增大，毛管组

织晶粒细化，最小平均晶粒尺寸可达3μm。400℃的组织DRX体积分数达到70%，认为已经完全DRX，与理论计算的体积分数相吻合，表明400℃的DRX体积分数预测模型较精确。此温度形成的织构是有利织构，便于穿孔过程塑性变形。

与原料相比，穿孔后的毛管抗拉强度增加，除了400℃-9°-25mm参数的屈服强度增加外，其他都降低。同时伸长率从11%提升到15%~20%。采用前伸量为20mm，穿孔后毛管综合力学性能最好，而送进角8°与9°参数的毛管综合力学性能差不多，但采用9°送进角穿孔后的毛管综合力学性能最优。相比送进角，前伸量的大小对毛管力学性能的影响较大。相比挤压方式生产同种规格的ϕ40mm镁合金无缝管的力学性能，采用三辊斜轧穿孔得到的镁合金无缝管的综合力学性能更优。

参考文献

[1] 陈振华. 变形镁合金 [M]. 北京：化学工业出版社，2005.

[2] Francis J A. Light alloys [J]. Materials Science and Technology, 2017, 33: 2157-2158.

[3] Ding X F, Shuang Y H, Liu Q Z, et al. New rotary piercing process for an AZ31 magnesium alloy seamless tube [J]. Materials Science and Technology, 2018, 34 (4): 408-418.

[4] Zhao F Q, Ding X F, Cui R J, et al. Research on microstructure and texture of as-extruded AZ31 magnesium alloy during thermal compression [J]. Journal of Materials Research, 2019, 34 (12): 2114-2125.

[5] Bhattacharyya J J, Agnew S R, Muralidharan G. Texture enhancement during grain growth of magnesium alloy AZ31B [J]. Acta Materialia, 2015, 86: 80-94.

[6] Ion S E, Humphreys F J, White S H. Dynamic recrystallisation and the development of microstructure during the high temperature deformation of magnesium [J]. Acta Metallurgica, 1982, 30 (10): 1909-1919.

[7] Zhan M Y, Li C M, Zhang W W. An EBSD study on microstructure and texture evolution of AZ31 magnesium alloy during accumulative rill-banding [J]. Acta Metallurgica Sinica, 2012, 48 (6): 709-716.

[8] Hall E O. The deformation and ageing of mild steel: Ⅱ characteristics of the lüders deformation [J]. Proceedings of the Physical Society. Section B, 1951, 64 (9): 742-747.

[9] Petch N J. The cleavage strength of polycrystals [J]. Journal of Iron and Steel Research

International, 1953, 174: 25-28.

[10] Nan X L, Wang H Y, Zhang L, et al. Calculation of schmid factors in magnesium: analysis of deformation behaviors [J]. Scripta Materialia, 2012, 67 (5): 443-446.

[11] Valle J A, Carreno F, Ruano O A. Influence of texture and grain size on work hardening and ductility in magnesium-based alloys processed by ECAP and rolling [J]. Acta Materialia, 2006, 54 (16): 4247-4259.

[12] Sun H F, Liang S J, Wang E D. Mechanical properties and texture evolution during hot rolling of AZ31 magnesium alloy [J]. Transactions of Nonferrous Metals Society of China, 2009, 19 (2): 349-354.

7 镁合金无缝管连轧工艺

7.1 镁合金无缝管纵连轧工艺

制备综合性能良好的无缝管材，现阶段采用短流程连轧管成形工艺是一种理想的方法。

短流程纵连轧工艺机组为 Y 型三辊三机架限动芯棒纵连轧机组，相邻机架轧辊呈 60°交错布置，将脱管机和定（减）径机合二为一，由于镁合金管材可轧温度范围较窄，要想轧出综合性能良好的镁合金管材必须要控制和保证轧制温度在可轧范围 225~450℃之间，轧制时须保温处理。纵连轧原理如图 7-1 所示[1]。

图 7-1 纵连轧原理[1]

纵连轧工艺参数如图 7-2 所示。

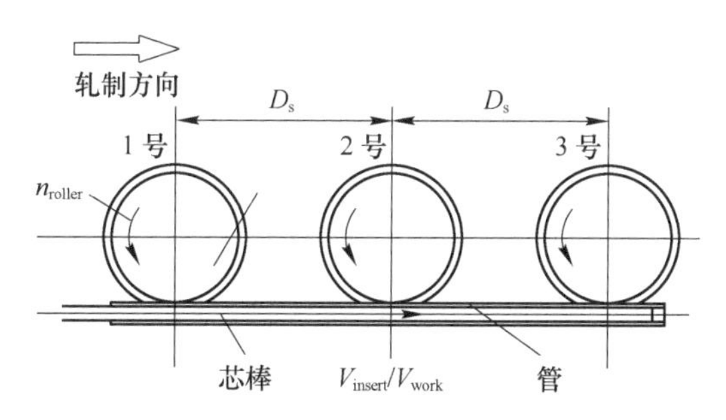

图 7-2 纵连轧工艺参数[2]

纵连轧工艺参数见表 7-1。

表 7-1 纵连轧工艺参数

符号	名称	单位
D_s	机架间距	mm
D_c	轧辊中心距	mm
d_m	芯棒直径	mm
V_{work}	芯棒轧制速度	mm/s
n_{roller}	轧辊转速	r/min
T	轧辊扭矩	N · m
W_{roller}	轧辊宽度	mm
e	轧制偏心距	mm
s	辊缝距离	mm

短流程纵连轧工艺优点：（1）产品形状和尺寸精度高；（2）流程短、效率高；（3）生产成本相对低；（4）有效避免温降再结晶和回火工艺；（5）产品规格比较丰富；（6）可以生产高强度、难变形薄壁管；（7）管材轧制壁厚偏差很大程度上得到改进。

7.1.1 纵连轧过程应力与应变分布状态

管在某机架孔型内，其周向壁厚变化不均匀，孔型顶部压下量最大，而轧辊辊缝处金属处于自由状态。如图 7-3 所示，将某轧辊孔型中心截面内金属变形区划分为三个区域，它们分别为：

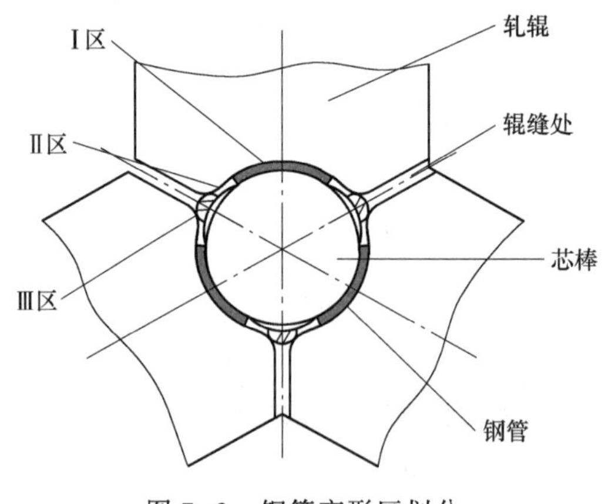

图 7-3 钢管变形区划分

（1）减壁Ⅰ区，金属与轧辊、芯棒同时接触，处于两者围成的封闭区域内，处于压缩变形状态；

（2）减径Ⅱ区，金属与芯棒脱离仅与轧辊接触，外径缩小；

（3）自由Ⅲ区，金属与轧辊、芯棒均未发生接触，内外表面处于自由状态。

假设柱坐标系是三个主轴方向：径向 r，切向 θ，轴向（轧制方向）z，定义三个主轴方向的平均对数应变。

径向：
$$\varepsilon_r = \ln\frac{\delta_1}{\delta_0} \tag{7-1}$$

轴向：
$$\varepsilon_z = \ln\frac{z_1}{z_0} \tag{7-2}$$

考虑体积不变条件，切向应变：
$$\varepsilon_\theta = -(\varepsilon_z + \varepsilon_r) \tag{7-3}$$

式中 ε_r，ε_z，ε_θ——径向应变、轴向应变、切向应变；

δ_0，δ_1——管变形前后壁厚，mm；

z_0，z_1——管变形前后长度，mm。

从图 7-4 中可知，Ⅰ变形区内外表面处于三向压应力状态，以轴向、径向应变为主，有很小的周向正宽展；Ⅱ区外表面金属与轧辊接触，内表面与

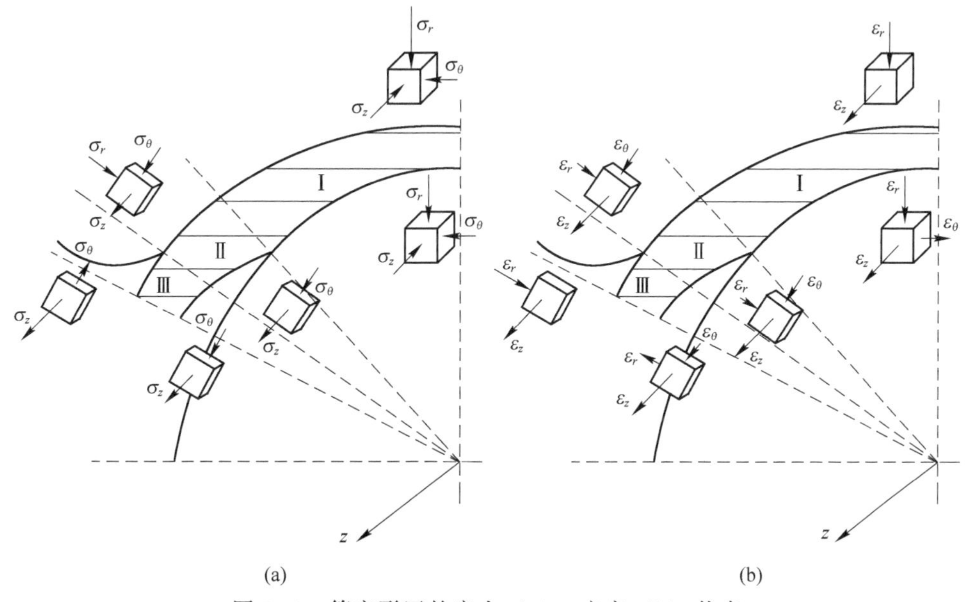

图 7-4 管变形区的应力（a）、应变（b）状态

芯棒分离，外层处于径向、周向压应力与轴向拉应力状态，内层处于轴向、周向两向应力状态，应变主要为轴向延伸，周向压缩，径向压缩量较小；Ⅲ区金属内外表面均处于非接触状态，处于两向应力状态，应变主要以轴向延伸为主，周向应变基本为零，内表面径向应变基本为零。

7.1.2 变形区应力与应变计算

上文将变形区分为 3 个部分，为简化应力-应变分析，本节将变形区内金属近似看作受对称外力作用，即圆周方向受对称轧制压力，分区内纵向受均匀分布的轴向张力，接触表面受变形工具产生均匀分布的摩擦力作用，故变形区内的金属处于轴向对称应力状态。为简化计算过程将变形区Ⅱ区和Ⅲ区合并为一个区域进行计算，按传统方法忽略剪切应力，共设置 15 个未知数，其中Ⅰ区 8 个，分别为 ε_{r1}、ε_{z1}、$\varepsilon_{\theta1}$、σ_{r1}、σ_{z1}、$\sigma_{\theta1}$、σ_{ra1}、σ_{rb1}；Ⅱ区 7 个，分别为 ε_{r2}、ε_{z2}、$\varepsilon_{\theta2}$、σ_{r2}、σ_{z2}、$\sigma_{\theta2}$、σ_{rb2}。其中 ε_{r1} 与 ε_{r2}，ε_{z1} 与 ε_{z2}，$\varepsilon_{\theta1}$ 与 $\varepsilon_{\theta2}$ 分别对应Ⅰ区、Ⅱ区变形单元的径向、轴向、切向应变，应变定义如式（7-1）、式（7-2）、式（7-3）；σ_{r1} 与 σ_{r2}，σ_{z1} 与 σ_{z2}，$\sigma_{\theta1}$ 与 $\sigma_{\theta2}$ 分别对应Ⅰ区、Ⅱ区变形单元的径向、轴向、切向应力；σ_{ra1}、σ_{rb1} 为Ⅰ区内外表面径向应力；σ_{rb2} 为Ⅱ区外表面径向应力。

变形区材料应力-应变条件为：

$$\frac{\sigma_z - \sigma_\theta}{\varepsilon_z - \varepsilon_\theta} = \frac{\sigma_\theta - \sigma_r}{\varepsilon_\theta - \varepsilon_r} = \frac{\sigma_r - \sigma_z}{\varepsilon_r - \varepsilon_z} \tag{7-4}$$

则有：

$$\sigma_z - \sigma_\theta = \frac{\varepsilon_z - \varepsilon_\theta}{\varepsilon_\theta - \varepsilon_r}(\sigma_\theta - \sigma_r) \tag{7-5a}$$

$$\sigma_r - \sigma_z = \frac{\varepsilon_r - \varepsilon_z}{\varepsilon_\theta - \varepsilon_r}(\sigma_\theta - \sigma_r) \tag{7-5b}$$

材料满足 Mises 屈服条件：

$$(\sigma_z - \sigma_\theta)^2 + (\sigma_\theta - \sigma_r)^2 + (\sigma_r - \sigma_z)^2 = 2k_f^2 \tag{7-6}$$

式中 k_f——变形抗力，MPa。

将式（7-5a）、式（7-5b）代入 Mises 屈服条件式（7-6）得：

$$\sigma_\theta - \sigma_r = \sqrt{2}k_f\sqrt{\frac{(\varepsilon_\theta - \varepsilon_r)^2}{(\varepsilon_z - \varepsilon_\theta)^2 + (\varepsilon_\theta - \varepsilon_r)^2 + (\varepsilon_r - \varepsilon_z)^2}} \tag{7-7}$$

根据体积不变条件 $\varepsilon_r+\varepsilon_\theta+\varepsilon_z=0$，假设 $\varepsilon_r>\varepsilon_\theta$，引入形状变化系数 ν，

则有：

$$\left.\begin{aligned}\varepsilon_\theta &= -(0.5-\nu)\varepsilon_z\\ \varepsilon_r &= -(0.5+\nu)\varepsilon_z\end{aligned}\right\}\tag{7-8}$$

由式（7-8）可得：

$$\nu = 0.5 + \frac{\varepsilon_\theta}{\varepsilon_z}\tag{7-9}$$

将式（7-8）代入式（7-7）整理得：

$$\sigma_\theta - \sigma_r = \frac{k_{\mathrm{f}}}{\sqrt{3}}\frac{2\nu}{\sqrt{\nu^2 + 0.75}}\tag{7-10}$$

由变形区内纵向均匀轴向应力假设，孔型截面内的金属可视为轴对称应力状态，设变形区单元的受力平衡条件如图 7-5 所示。

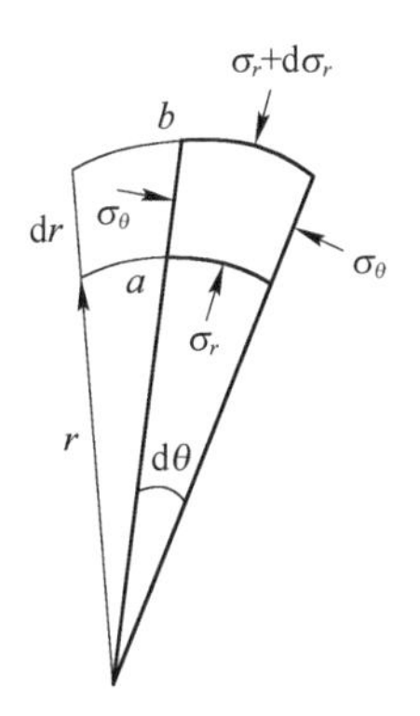

图 7-5 变形区单元受力平衡条件

由轴对称问题径向平衡方程：

$$\frac{\partial\sigma_r}{\partial r} + \frac{\partial\tau_{rz}}{\partial z} + \frac{\sigma_r - \sigma_\theta}{r} = 0\tag{7-11}$$

其中忽略剪切应力则有：

$$\mathrm{d}\sigma_r = (\sigma_\theta - \sigma_r)\frac{\mathrm{d}r}{r}\tag{7-12}$$

进而：

$$\sigma_{r\mathrm{b}} - \sigma_{r\mathrm{a}} = \int_{r_\mathrm{a}}^{r_\mathrm{b}}(\sigma_\theta - \sigma_r)\frac{\mathrm{d}r}{r}\tag{7-13}$$

式中 $\sigma_{r\mathrm{b}}$——外表面径向应力，MPa；

$\sigma_{r\mathrm{a}}$——内表面径向应力，MPa；

r_a——内表面半径，mm；

r_b——外表面半径，mm。

将式（7-10）代入式（7-13）积分得：

$$\sigma_{rb} - \sigma_{ra} = \frac{k_f}{\sqrt{3}} \frac{2\nu}{\sqrt{\nu^2 + 0.75}} \ln\left(\frac{r_b}{r_a}\right) \tag{7-14}$$

同式（7-10）推导过程，有：

$$\sigma_z - \sigma_r = \frac{k_f}{\sqrt{3}} \frac{1.5 + \nu}{\sqrt{\nu^2 + 0.75}} \tag{7-15}$$

由式（7-10）、式（7-15）：

$$\sigma_\theta = \frac{k_f}{\sqrt{3}} \frac{2\nu}{\sqrt{\nu^2 + 0.75}} + \sigma_r \tag{7-16}$$

$$\sigma_z = \frac{k_f}{\sqrt{3}} \frac{1.5 + \nu}{\sqrt{\nu^2 + 0.75}} + \sigma_r \tag{7-17}$$

又设平均径向应力近似为：

$$\sigma_r = \frac{1}{2}(\sigma_{rb} + \sigma_{ra}) \tag{7-18}$$

对于减壁Ⅰ区：

$$\sigma_{rb1} - \sigma_{ra1} = \frac{k_f}{\sqrt{3}} \frac{2\nu_1}{\sqrt{\nu_1^2 + 0.75}} \ln\left(\frac{r_{b1}}{r_{a1}}\right) \tag{7-19}$$

$$\sigma_{r1} = \frac{1}{2}(\sigma_{rb1} + \sigma_{ra1}) \tag{7-20}$$

$$\sigma_{\theta 1} = \frac{k_f}{\sqrt{3}} \frac{2\nu_1}{\sqrt{\nu_1^2 + 0.75}} + \sigma_{r1} \tag{7-21}$$

$$\sigma_{z1} = \frac{k_f}{\sqrt{3}} \frac{1.5 + \nu_1}{\sqrt{\nu_1^2 + 0.75}} + \sigma_{r1} \tag{7-22}$$

考虑到Ⅱ区径向内表面应力为零：

$$\sigma_{rb2} = \frac{k_f}{\sqrt{3}} \frac{2\nu_2}{\sqrt{\nu_2^2 + 0.75}} \ln\left(\frac{r_{b2}}{r_{a2}}\right) \tag{7-23}$$

$$\sigma_{r2} = \frac{1}{2}\sigma_{rb2} \tag{7-24}$$

$$\sigma_{\theta 2} = \frac{k_f}{\sqrt{3}} \frac{2\nu}{\sqrt{\nu^2 + 0.75}} + \sigma_{r2} \tag{7-25}$$

$$\sigma_{z2} = \frac{k_f}{\sqrt{3}} \frac{1.5 + \nu_2}{\sqrt{\nu_2^2 + 0.75}} + \sigma_{r2} \tag{7-26}$$

Ⅰ区、Ⅱ区协调方程。通过孔型变形区的金属轴向延伸相等，故有轴向变形协调方程：

$$\varepsilon_{z1} = \varepsilon_{z2} \tag{7-27}$$

在减壁区与减径区分界，切向力平衡，故有切向应力平衡方程：

$$\sigma_{\theta 1} = \xi \sigma_{\theta 2} \tag{7-28}$$

式中 ξ——减径区与减壁区平均壁厚比，$\xi=\bar{\delta}_2/\bar{\delta}_1$；

变形区内金属轴向力平衡，故有：

$$f = \sigma_{z1}F_1 + \sigma_{z2}F_2 = 0 \tag{7-29}$$

式中 F_1——Ⅰ区截面积，mm^2；

F_2——Ⅱ区截面积，mm^2。

综上所述，除应力-应变 15 个未知数外又引入形状变化系数 2 个未知数共 17 个未知数，由 8 个应力方程式（7-19）~式（7-26）、3 个协调方程式（7-27）~式（7-29），形状变化系数方程式（7-10）与体积不变条件共有 15 个方程，通过确定减壁区与减径区径向应变 ε_{r1}、ε_{r2}，即可求出整个变形区的应变与应力。

7.2 镁合金无缝管纵连轧变形特征

7.2.1 毛管减壁率的变化

毛管厚径比 δ/d 即来料毛管的壁厚与直径之比，该参数为管材变形工艺中的一个重要参数，厚径比的变化对管材加工工艺的设计和管材塑性变形过程的影响非常巨大，甚至在某些特定比率下，管材的塑性力学和形变行为是完全不同的。

纵连轧孔型设计首先需要根据来料与成品的壁厚分配各个机架孔型孔槽顶部减壁量，通过设定顶部减壁量，配合适当的减径率，并考虑由于壁厚减薄、直径减小而引起的金属轴向延伸和沿孔型周向的宽展。

当毛管厚径比 δ/d 相同时，减壁量 $\Delta\delta$ 相等，减壁率 $\Delta\delta/\delta$ 会随着毛管直径 d 减小而增加。

7.2.2 毛管咬入条件特征

毛管进入连轧管机孔型咬入一般分为：第一次咬入，即管坯外表面与轧辊接触；第二次咬入，即管坯内表面与芯棒接触。假设没有外推力作用，钢管外表面与轧辊接触（见图 7-6），钢管外表面某点与孔型侧壁开始接触，产生垂直压力 P 和由于轧管旋转产生的摩擦力 T。

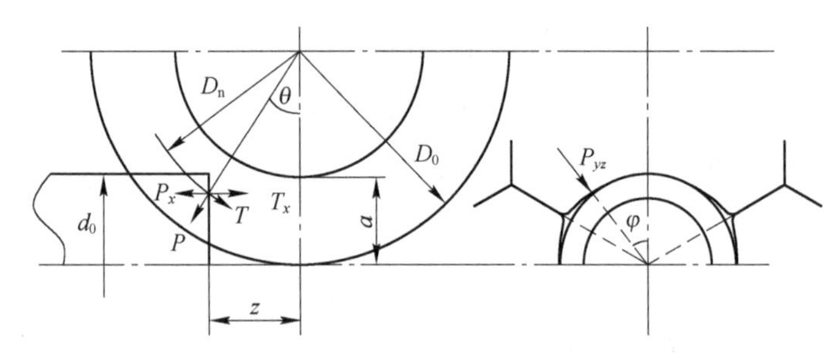

图 7-6 第一次咬入受力分析

要实现第一次咬入，必须满足：

$$T_x \geqslant P_x$$

即

$$T_x - P_x \geqslant 0 \tag{7-30}$$

因为：

$$T_x = T\cos\theta \tag{7-31}$$

$$P_x = P\sin\theta\cos\varphi \tag{7-32}$$

将式（7-31）、式（7-32）代入式（7-30）得到第一次咬入条件：

$$\tan\theta \leqslant T/P\cos\varphi = f/\cos\varphi \tag{7-33}$$

式中 T_x，P_x——摩擦力 T 与压力 P 的水平（沿轧制方向）分力，N；

θ——一次咬入角，(°)；

f——摩擦系数；

φ——轧制弧所对应中心角数值的一半，(°)。

第一次咬入时 θ 角由下式确定[1]：

$$\tan\theta = \sqrt{\frac{(D_0 - 2a\cos\varphi)^2 - (D_0 - \sqrt{d_0^2 - 4a^2\sin^2\varphi})^2}{3(D_0 - 2a\cos\varphi)^2 + (D_0 - \sqrt{d_0^2 - 4a^2\sin^2\varphi})^2}} \tag{7-34}$$

从式（7-34）可以看出，当孔型给定来料外径 d_0 越小、D_0 越大，则越容易咬入。来料外径 d_0 缩小至 d_0'，设计的孔型名义直径 D_0 缩小至 D_0'，且满足 $d_0/d_0'=D_0/D_0'$时，必然存在两套工艺的第一次咬入角 $\theta=\theta'$。即在相同的孔型设计方法下，小直径钢管咬入时咬入角与相似孔型的大直径钢管咬入角相等。

管坯在第二次咬入时，其内壁与芯棒发生接触。实现二次咬入所允许的最大减壁量：

$$\max\Delta\delta \leqslant \frac{D_0-\delta_0}{2}\left[\frac{\sqrt{(1+\tan^2\theta)(1+6f^2)}}{1+f^2+2f\tan\theta}-1\right] \tag{7-35}$$

由式（7-35）可知，当厚径比 δ/d 不变时，随着钢管外径 d_0 的减小，D_0 与 δ_0 差值减小，一方面管坯第二次咬入时允许的最大减壁量将逐渐减小；另一方面孔型设计所要求的减壁量一致的情况下，$\Delta\delta/\delta$ 随 d_0 减小而增大，孔型的二次咬入将越来越困难。为了实现二次咬入顺利进行，并使得最大减壁量增大，针对小直径钢管连轧工艺设计时，轧辊的名义直径 D_0/δ_0 比值要适当增大，即需选用更大尺寸的轧辊。

7.2.3 毛管咬入后的变形特征

当毛管几何尺寸满足第一次咬入条件，逐渐与孔型侧壁开始接触，从而产生压扁变形。毛管在被拖拽入孔型的过程中，首先形状上发生压扁而不产生截面面积缩小，即没有延伸。此时断面的平均周长几乎没有变化，此时的变形不是延伸变形而是塑性弯曲变形。为了说明小直径钢管连轧咬入初始时的变形特征，现对毛管进入孔型轧槽后情况进行研究。

假设轧件与轧辊在某点接触后形成一个接触弧，由于钢管与孔型的对称性，其所受的外力和内应力、几何形状关于轧制中心是对称的。将接触弧所对应的角设为 θ_p，取单位长度的管环作为研究对象，且该管环由两个与轧线垂直的平面切出，并受法向单位压力作用（见图 7-7）。

根据文献［3］给出的计算方法，管坯外表面 B 点的应力 σ_B 由两部分构成，即法向力 N_B 所引起的压应力 σ_{NB} 与弯矩 M_B 所引起的张应力 σ_{MB}。

$$\sigma_B = \sigma_{NB} + \sigma_{MB} \tag{7-36}$$

$$\frac{\sigma_{NB}}{\sigma_{MB}} = \frac{\delta}{2d}\,\frac{1}{1-\dfrac{\theta_p}{\sin\theta_p}\,\dfrac{\sin\varphi}{\varphi}} \tag{7-37}$$

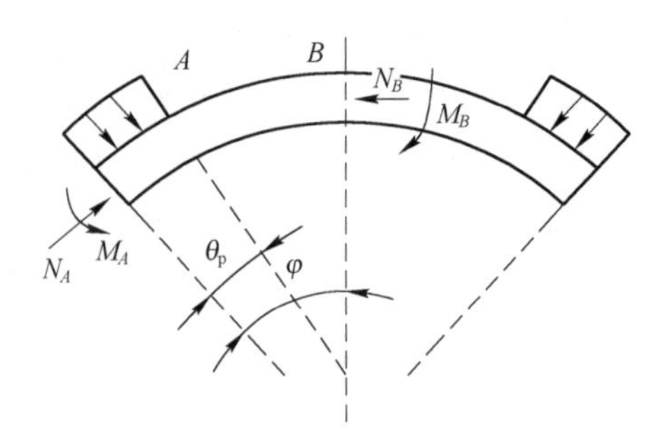

图 7-7 开始接触时受力分析

由于对称性，B 点所处竖直截面没有剪切应力。当管坯开始咬入变形时，θ_p 角度很小，管坯内表面产生压应力的同时外表面存在拉应力。受力状态说明此时管坯的变形是无周长变化的弯曲变形。由式（7-37）可以看出，当 θ_p 角度很小，$\theta_p \approx \sin\theta_p$，此时 σ_{MB} 绝对值远大于 σ_{NB}。随着 θ_p 逐渐增大，σ_{MB} 绝对值将逐渐减小，σ_{NB} 增大，并逐步达到 σ_B 为零的情况，此时管坯开始发生延伸变形，将此时的 θ_p 称为临界角 θ_p^k，根据上面的分析此时 $|\sigma_{NB}/\sigma_{MB}|=1$，并由式（7-37）得到：

$$\frac{\theta_p^k}{\sin\theta_p^k} = \frac{\varphi}{\sin\varphi}\left(1 - \frac{\delta}{2d}\right) \tag{7-38}$$

从式（7-38）可以得出如下结论：θ_p^k 随管坯厚径比 δ/d 增加而减小，即“厚壁”管在较小的 θ_p^k 时就进入了延伸变形。

下面讨论当管坯进入稳定轧制态，各类接触区域长度的变化特征。

计算变形区接触弧长即计算变形区管坯与钢管接触弧水平投影的长度，如变形区纵截面图 7-8 中长度 l_0、l_1、l_2。图中，l_0 为变形区总长度，对应中心角为 α_0，l_1 为减径区长度，l_2 为减壁区长度对应中心角 α_2；D_0 为轧辊名义直径，R_{min} 为轧辊最小半径；d_0 表示入口钢管外径，当计算机架为初始机架时，d_0 为毛管直径，a 为初始机架孔型高（短轴长度），当计算机架为其余机架时，d_0 为上一机架孔型宽度（长轴长度）；δ_0 和 δ_1 表示入口和出口钢管壁厚；d_m 为芯棒直径；设减壁量 $\Delta\delta=\delta_0-\delta_1$。

如图 7-8 所示，在 RT△ACO 中，$AC=l_0$、$OA=D_0/2-a$、$OC=(D_0-d_0)/2$，根据勾股定理则变形区接触弧长为：

$$l_0 = \frac{1}{2}\sqrt{(D_0 - 2a)^2 - (D_0 - d_0)^2} \tag{7-39}$$

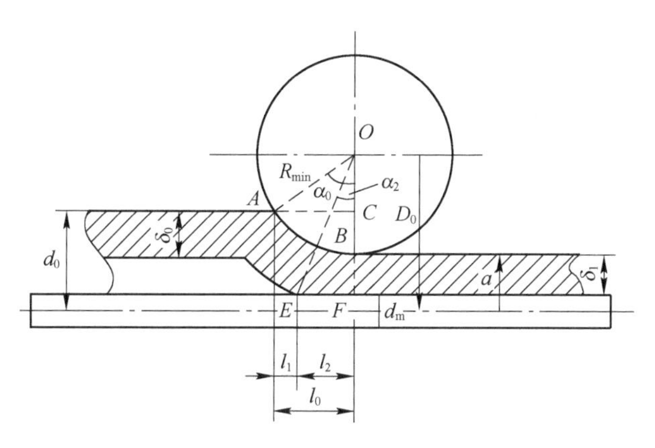

图 7-8 变形区几何参数

同理，在 RT△EFO 中，$EF = l_2$，$OE = D_0/2 - d_m/2 - \delta_1 + \delta_0 = D_0/2 - d_m/2 + \Delta\delta$，$OF = (D_0 - d_m)/2$，则减壁区接触弧长为：

$$l_2 = \frac{1}{2}\sqrt{(D_0 - d_m + 2\Delta\delta)^2 - (D_0 - d_m)^2} = \sqrt{(D_0 - d_m + \Delta\delta)\Delta\delta} \tag{7-40}$$

则有减径区弧长为：

$$l_1 = l_0 - l_2 \tag{7-41}$$

由式（7-39）可知，若毛管厚径比 δ/d 保持不变，相同的减壁量 $\Delta\delta$，使用相似的孔型，随着毛管 d_0 减小，接触区总长 l_0 与 d_0 保持不变；若将式（7-40）写为如下等价形式：

$$l_2 = \sqrt{(R_{min} + \delta_0)^2 - (R_{min} + \delta_1)^2} \tag{7-42}$$

则有 l_2 所对应的中心角 α_2 满足：

$$\cos\alpha_2 = \frac{R_{min} + \delta_1}{R_{min} + \delta_0} = 1 - \frac{\Delta\delta}{R_{min} + \delta_0} \tag{7-43}$$

当毛管 d_0 减小时，$\cos\alpha_2$ 减小，则 α_2 增大，即 l_2 增大，l_2/l_0 增大，故随着毛管 d_0 减小，孔型内减径区所占比率减小，减壁区所占比率增加，钢管将提前进入减壁状态。

7.2.4 毛管连轧宽展变形特征

本节对毛管咬入后的宽展变形进行分析，假设存在两相似孔型，毛管直径满足 $d_0>d'_0$，两者顶部减壁量 $\Delta\delta$ 相等。两者芯棒半径与孔型高度之比 r_m/a

满足如下关系：

$$\frac{r_m}{a} = \frac{a - (\delta_0 - \Delta\delta)}{a} = \frac{\eta(a' - \delta'_0) + \Delta\delta}{\eta a'} = \frac{r'_m}{a'} + \frac{1 - \eta}{\eta}\frac{\Delta\delta}{a'} \quad (7-44)$$

由于 $\eta>1$，式（7-44）中因式 $(1-\eta)/\eta<0$，故：

$$\frac{r_m}{a} < \frac{r'_m}{a'} \quad (7-45)$$

从式（7-45）的分析可以得出，随着设计对象毛管 d_0 的减小，芯棒截面占孔型空腔内的面积比将越来越大。减壁量 $\Delta\delta$ 相等情况下，毛管内表面与芯棒的脱离点越来越向辊缝处靠近，从而使孔型内金属逐渐充满孔型，进而说明金属的周向宽展随 d_0 减小而增大。

管在纵轧过程中，管坯轴向延伸，壁厚减薄，并伴随着直径、周长的减小，即总体的应变状态为 $\varepsilon_z>0$、$\varepsilon_r<0$、$\varepsilon_\theta<0$。由总体径向应变定义：

$$\varepsilon_r = \ln\left(\frac{\bar{\delta}}{\delta_0}\right) = \ln\left(1 - \frac{\Delta\delta}{2\delta_0}\right) \quad (7-46)$$

式中　$\bar{\delta}$——管截面平均壁厚，$\bar{\delta} = \frac{\delta_{min} + \delta_{max}}{2}$，mm；

δ_{min}——管截面最薄壁厚，即顶部壁厚 $\delta_{min} = \delta_0 - \Delta\delta$，mm；

δ_{max}——管截面最厚壁厚，即辊缝处壁厚 $\delta_{max} = \delta_0$，mm。

随着 δ_0 的减小，当 $\delta_0 = \Delta\delta$ 时，式（7-46）右侧取到极小值，即 $\varepsilon_r > \ln(1/2) \approx -0.693$。

由式（7-8）、式（7-9），设 $\varepsilon_z>0$ 得到形状变化系数 ν 与径向应变 ε_r、切向应变 ε_θ 之间的关系（见图 7-9）。当毛管厚径比 δ_0/d_0、减壁量 $\Delta\delta$ 不

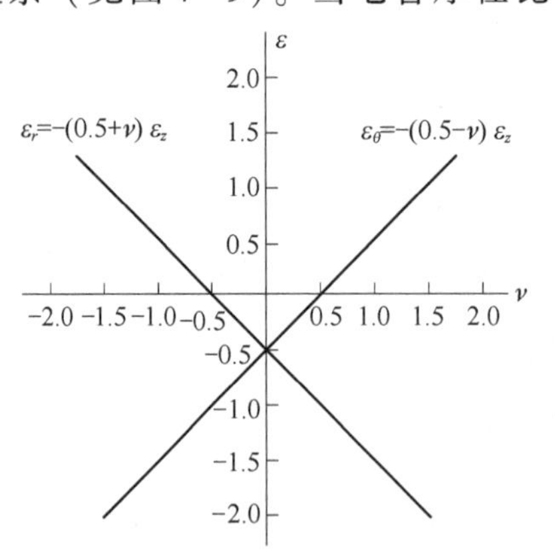

图 7-9　形状系数与应变之间的关系

变，随着设计毛管 d_0 的减小，所使用相同方法设计的孔型中的金属总体径向应变 ε_r 减小，形状变化系数 ν 增大，同时根据图 7-9 所示关系，周向应变 ε_θ 增大。随着所设计对象毛管的外径 d_0 的减小，毛管通过孔型后的周向应变 ε_θ 增大，金属周向宽展增大，孔型将逐渐被填满。

7.3 轧制力学模型

7.3.1 轧制力

一般金属轧制过程轧制力模型建立，首先求解变形区接触弧水平投影长度，以求得变形区水平投影面积；其次需求解变形区平均单位压力。根据 7.2 节内容可知，三辊连轧管沿轧制方向存在减径和减壁两个区域，由于变形区特点不同，单位应力在两个区域差异很大，需分别求解，则轧制力应该分为两部分求解：

$$P = p_1F_1 + p_2F_2 \tag{7-47}$$

式中 p_1——减径区平均单位压力，N/mm^2；

p_2——减壁区平均单位压力，N/mm^2；

F_1——减径区接触面积水平投影，mm^2；

F_2——减壁区接触面积水平投影，mm^2。

7.3.1.1 减径区平均单位压力

如图 7-10 所示，对于减径区平均单位压力，利用单元体平衡微分方程来求解，图中沿轧制方向为 x 轴正向。

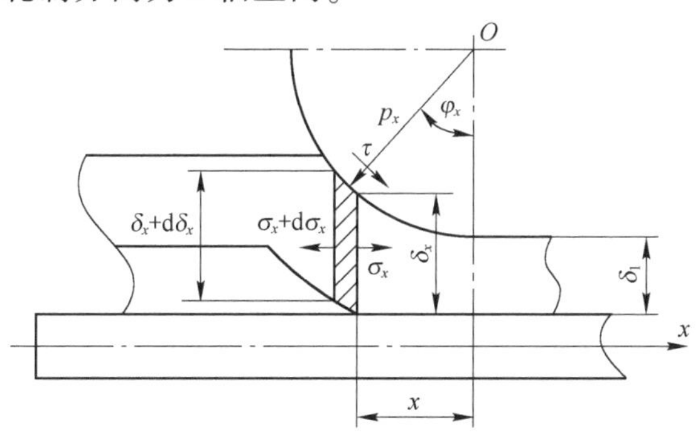

图 7-10 减径区单元体受力平衡图

对 x 方向列平衡方程：

$$(\sigma_x + d\sigma_x)(\delta_x + d\delta_x) + p_x \sin\varphi_x \frac{dx}{\cos\varphi_x} = \sigma_x \delta_x + \tau \cos\varphi_x \frac{dx}{\cos\varphi_x} \quad (7-48)$$

略去高阶微量得：

$$\delta_x d\sigma_x + \sigma_x d\delta_x + p_x d\delta_x = \tau dx \quad (7-49)$$

又有塑性条件：

$$\sigma_x + p_x = 2k_f \quad (7-50)$$

并考虑不同点的壁厚为坐标 x，切向坐标 θ 的函数，即 $\delta_x = \delta(x, \theta)$，将式（7-49）转化为：

$$\frac{\partial p_x}{\partial x} = 2k_f \frac{\partial}{\partial x} \ln\delta(x, \theta) - \frac{\tau}{\delta(x, \theta)} \quad (7-51)$$

7.3.1.2 减壁区平均单位压力

同减径区平均单位压力求解方法，列减壁区单元体微分平衡方程。如图 7-11 所示，列 x 方向平衡方程：

$$(\sigma_x + d\sigma_x)(\delta_x + d\delta_x) + p_x \sin\varphi_x \frac{dx}{\cos\varphi_x} + \tau_0 dx + \tau \cos\varphi_x \frac{dx}{\cos\varphi_x} = \sigma_x \delta_x \quad (7-52)$$

略去高阶微量得：

$$\delta_x d\sigma_x + \sigma_x d\delta_x + p_x d\delta_x + (\tau + \tau_0) dx = 0 \quad (7-53)$$

又有塑性条件：

$$\sigma_x + p_x = 2k_f \quad (7-54)$$

同理式（7-51），则式（7-54）可化为：

$$\frac{\partial p_x}{\partial x} = 2k_f \frac{\partial}{\partial x} \ln\delta(x, \theta) + \frac{\tau + \tau_0}{\delta(x, \theta)} \quad (7-55)$$

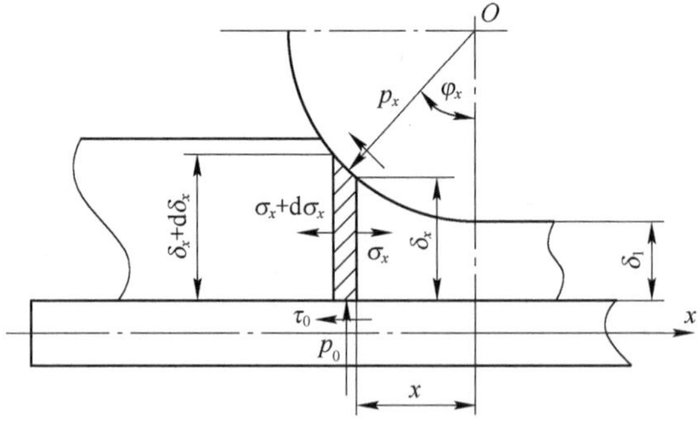

图 7-11 减壁区单元体受力平衡图

7.3.2 芯棒轴向力

管材纵连轧过程中，芯棒要参与各个机架孔型中金属塑性变形过程。由于金属变形区复杂的接触条件，与管坯内表面接触的芯棒所受摩擦力的大小和方向是难以直接确定的，故芯棒轴向力也是难以确定的，至今还没有一套成熟的计算芯棒轴向力的理论和方法。经过大量的生产经验总结，轧制力与芯棒轴向阻力是正相关的，即轧制力越大，芯棒阻力越大，可用比值 K 来表示芯棒轴向力 Q 与轧制力 P 的关系，即：

$$Q = KP \tag{7-56}$$

比值 K 通常从实验中获得。一般认为，薄壁管取较大的 K 值，厚壁管 K 值较小。

7.3.3 轧制力矩

连轧时，轧制力矩的准确计算对于轧机设备的设计以及电气装置的控制设计等意义重大，但是对于每个机架进行轧制力矩的精确求解是非常复杂与艰难的，目前只能给出足够的估算式来保证机器的承载能力。

将减径区和减壁区的前后张力的力矩、轧辊轧制力力矩以及芯棒接触面上的轴向摩擦力力矩求合力矩，这样就能够得到作用于每个轧辊机架上的轧制力矩 M，如图 7-12 所示。

$$M = P_1\left(l_2 + \frac{l_1}{2}\right) + P_2\frac{l_2}{2} \pm \frac{q^+}{3}R_c \pm \frac{q^-}{3}R_c \pm \frac{Q}{3}R_c \tag{7-57}$$

式中 l_1——减径区接触弧长，mm；

l_2——减壁区接触弧长，mm；

P_1——减径区轧制力，N；

P_2——减壁区轧制力，N；

q^+——前张力，N；

q^-——后张力，N；

R_c——轧辊名义半径，mm；

Q——芯棒轴向力，N。

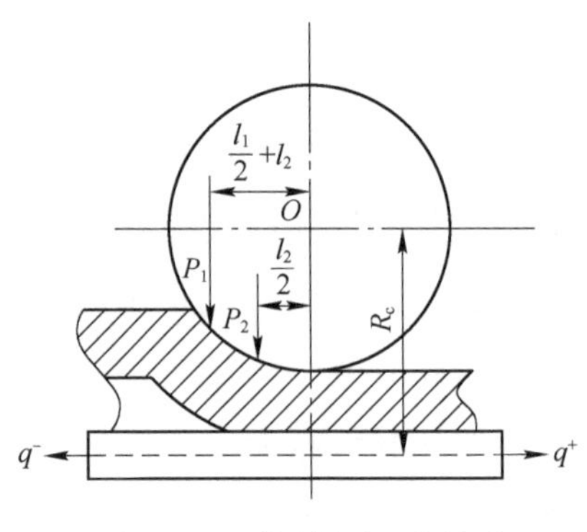

图 7-12 轧制力矩示意图

7.4 镁合金无缝管纵连轧工艺仿真与实验

镁合金可轧温度范围较窄，温度过高或者过低都会影响镁合金管材轧制，轧制本身工艺和条件也会影响轧制的效果，温度过低或者压下量过大时有可能发生损伤，当损伤达到一定程度时会有裂纹产生。包括轧制成形等任何变形都是由一种或者几种力综合作用引起的，损伤或者裂纹是在受力达到一定条件时才会发生，课题组[4] 基于镁合金管材连轧过程中各个变形区的应力状态以及影响因素对镁合金管材轧制损伤机理进行了研究，结合实际轧制工艺建立了相应的损伤模型。同时，将镁合金管材纵连轧过程进行了有限元仿真，且对仿真结果进行了分析。采用三辊三机架限动芯棒连轧机进行实验验证。

7.4.1 有限元仿真结果

7.4.1.1 不同减壁率下温度场分布

在开轧温度为 350℃，壁厚减小率分别 20%、30%和 40%轧制条件下第二机架温度场分布如图 7-13 所示。AZ31B 镁合金管材纵连轧在不同减壁率条件下各部分温度以及它们之间温度差见表 7-2。

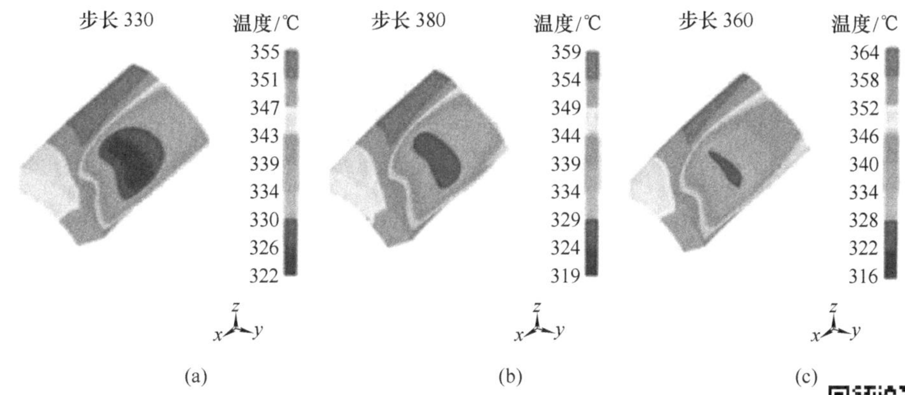

扫一扫
看彩图

图 7-13 镁合金管材纵连轧在不同压下量下温度场分布[4]
(a) 20%; (b) 30%; (c) 40%

表 7-2 不同减壁率下镁合金管材辊顶和辊缝处温度分布

减壁率/%	模拟温度/℃		
	辊顶	辊缝	温差
20	322	355	33
30	319	359	40
40	316	364	48

从图 7-13 和表 7-2 可以知道，连轧时辊顶和辊缝处有一定的温度差，随着减壁率的增大，辊顶和辊缝处温度差也随之增大，镁合金管材辊缝处温度从 355℃增加到 364℃，增加了 2.53%，减壁率为 20%时辊顶和辊缝处温差为 33℃，减壁率为 40%时辊顶和辊缝处温差上升到了 48℃，所以轧制时随着减壁率增加，镁合金管材内部塑性变形生热也随着增加，且辊顶和辊缝区域温差也随着增加。

7.4.1.2 不同减壁率下损伤分析

在开轧温度为 350℃，壁厚减小率分别为 20%、30%和 40%轧制条件下第二机架处辊顶和辊缝处损伤如图 7-14 所示。

AZ31B 镁合金管材纵连轧在不同减壁率条件下最大损伤值见表 7-3。

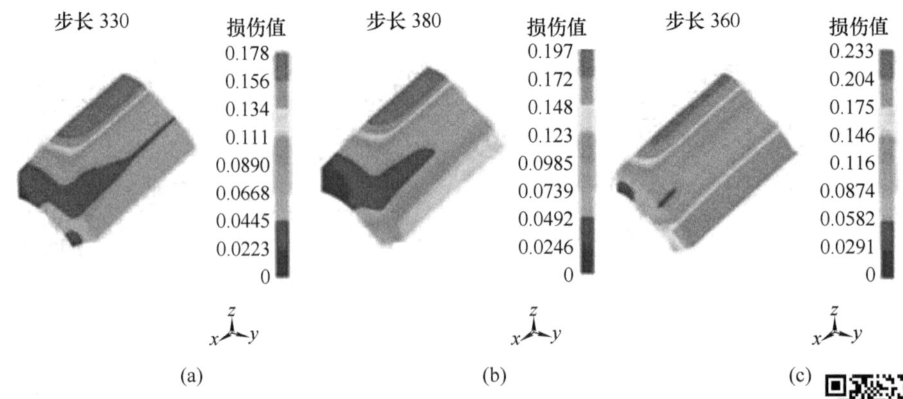

图 7-14 镁合金管材纵连轧在不同减壁率下损伤值

(a) 20%；(b) 30%；(c) 40%

扫一扫
看彩图

表 7-3 镁合金管材纵连轧在不同减壁率下最大损伤值

减壁率/%	模拟最大损伤值	
	辊顶	辊缝
20	0.089	0.178
30	0.148	0.197
40	0.204	0.233

从图 7-14 和表 7-3 可知，镁合金管材纵连轧过程中轧辊辊缝处最大损伤值比辊顶处最大损伤值要大，所以连轧时不同减壁率条件下最大损伤值都出现在轧辊辊缝区域。随着减壁率增大管材连轧过程中最大损伤值也随之增大，从 0.178 增加到了 0.233。同时，随着减壁率增大，轧辊辊顶处损伤值也逐渐变大。以上结论也验证了辊缝比辊顶处的损伤程度要大。根据轧制参数计算出的临界损伤值为 0.214，模拟中当压下量达到 40%时最大损伤值达到了 0.233，所以压下量为 40%时镁合金管材会出现裂纹。

7.4.1.3 不同减壁率下轧制力分析

开轧温度为 350℃，壁厚减小率为 20%、30%和 40%条件下第二机架轧制力如图 7-15 所示。

AZ31B 镁合金管材纵连轧在不同减壁率条件下稳态变形区第二机架处轧制力见表 7-4。

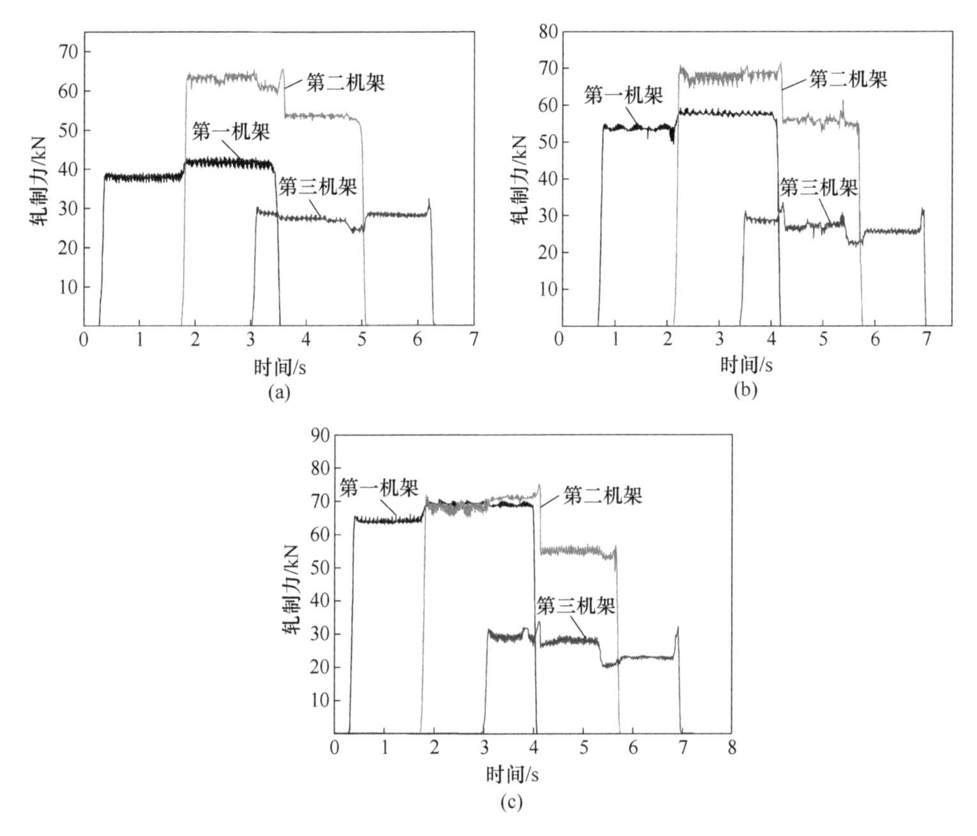

图 7-15 镁合金管材纵连轧不同减壁率下轧制力

(a) 20%；(b) 30%；(c) 40%

表 7-4 镁合金管材纵连轧不同减壁率下稳态轧制力

减壁率/%	稳态轧制力/kN
20	59.58
30	68.70
40	71.34

从图 7-15 和表 7-4 可知，镁合金管材纵连轧过程中随着减壁率增大，稳定轧制区镁合金管材所受到的轧制力（第二机架）也随之增大。从减壁率 20%时的 59.58 增加到 40%时的 71.34kN，增加了 19.7%。轧制力不断增大是因为镁合金管材轧制时会产生塑性变形热，变形量和变形生热呈正相关关系。由公式 Hall-Petch 可知，变形温度升高到一定时，会发生动态再结晶过程，管材内部组织继续得到细化，此时，轧制所受变形抗力会随着增大。

7.4.1.4 不同减壁率下轧制扭矩分析

开轧温度为350℃，壁厚减小率为20%、30%和40%条件下第二机架扭矩如图7-16所示。

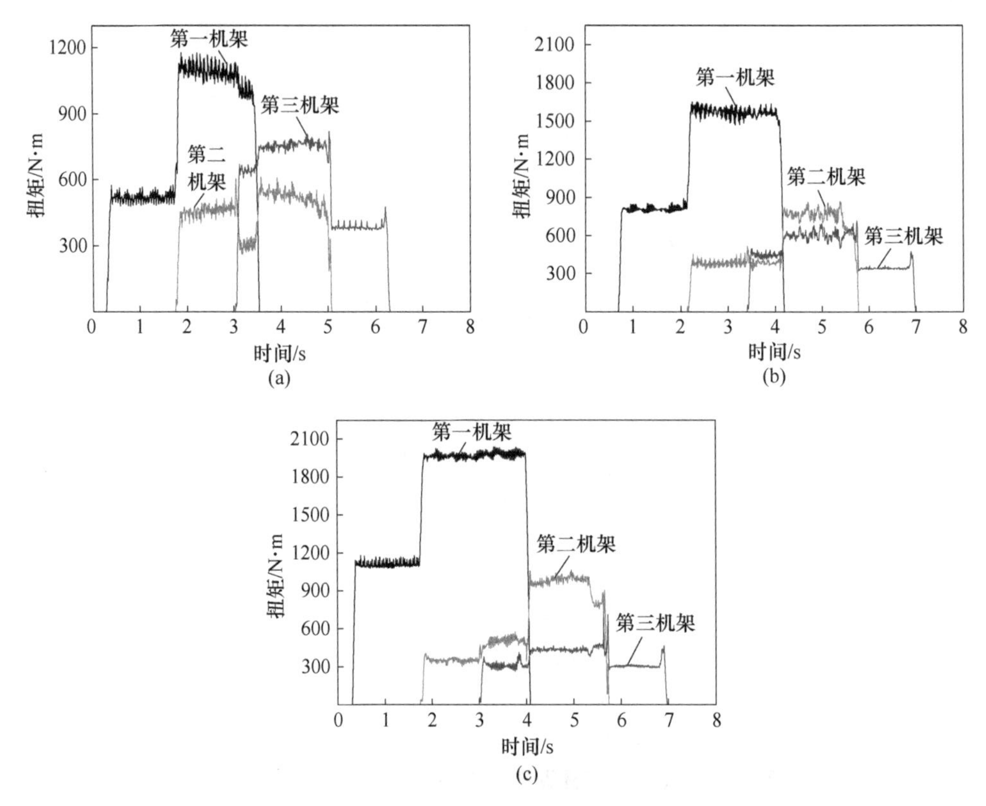

图7-16 镁合金管材纵连轧在不同减壁率下扭矩

(a) 20%；(b) 30%；(c) 40%

AZ31B镁合金管材纵连轧在不同减壁率条件下稳态变形区第二机架扭矩见表7-5。

表7-5 镁合金管材纵连轧不同减壁率下稳态扭矩

减壁率/%	稳态扭矩/N·m
20	342
30	428
40	548

从图 7-16 和表 7-5 可知，镁合金管材纵连轧过程中随着减壁率增大，稳定轧制区轧辊扭矩（第二机架）也随之增大。从减壁率 20%时的 342N · m 增加到 40%时的 548N · m。

7.4.1.5 镁合金管材轧制壁厚分析

图 7-17 为镁合金管材轧制在不同减壁率条件下第二机架处周向壁厚变化情况。

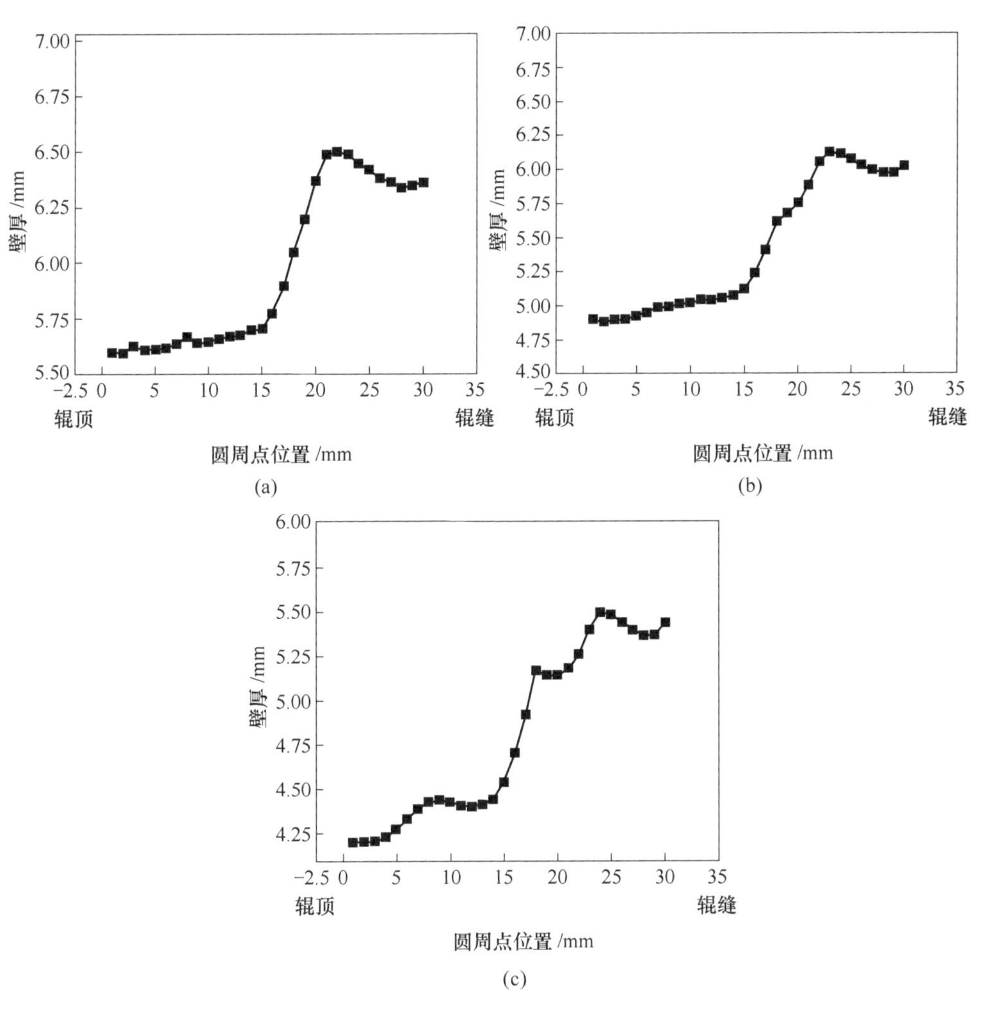

图 7-17 不同减壁率下镁合金管材连轧壁厚

（a）20%；（b）30%；（c）40%

镁合金管材在不同减壁率条件下模拟轧制时第二机架处沿周向平均壁厚见表 7-6。

表 7-6 镁合金管材连轧不同减壁率下模拟平均壁厚

减壁率/%	模拟平均壁厚/mm
20	5.969
30	5.426
40	4.808

从图 7-17 可以知道，镁合金管材纵连轧过程中沿着周向壁厚减壁量不均匀，轧辊辊顶区域壁厚减小量要比轧辊辊缝处壁厚减小量要大，这是因为辊顶区域的金属在轧制变形时处于较强的三向压应力状态而辊缝区域处于两向应力状态，所以辊顶区域壁厚比辊缝区域壁厚小。另外，在孔型的辊顶处，通过轧辊作用使得镁合金管材的壁厚压缩变形比较剧烈，从而轧制时金属产生较大的延伸和宽展，以延伸为主，纵向延伸时对其相邻金属作用一附加拉应力，这样就推动相邻金属实现延伸变形，依体积不变条件知，孔型辊缝区域壁厚稍微被拉薄，但是轧辊辊缝处的金属处于自由流动状态，所以在综合作用下，辊缝开口处的管壁会加厚。减壁率增大时，轧后的平均管壁则越来越薄。

7.4.2 实验验证

7.4.2.1 镁合金管材连轧轧制力

镁合金管材纵连轧不同减壁率条件下实验所测得的三机架轧制力如图 7-18 所示。镁合金管材纵连轧在不同减壁率条件下实测稳态变形区第二机架轧制力见表 7-7。

由实验所得出的不同减壁率条件下镁合金管材连轧时轧制力可以看出：由于本实验中用到的镁合金管材较短，所以镁合金管材连轧时同时被三机架轧制的稳定阶段相对较短。通过连轧实测轧制力曲线图可知，稳定轧制阶段后，第一机架开始将镁合金管材抛出时，第二、第三机架轧制力明显增大；镁合金管件在第二机架被抛出后，第三机架轧制力也明显增大，这是因为此时后张力逐渐消失，这样管材所受到的轧制力会增大。

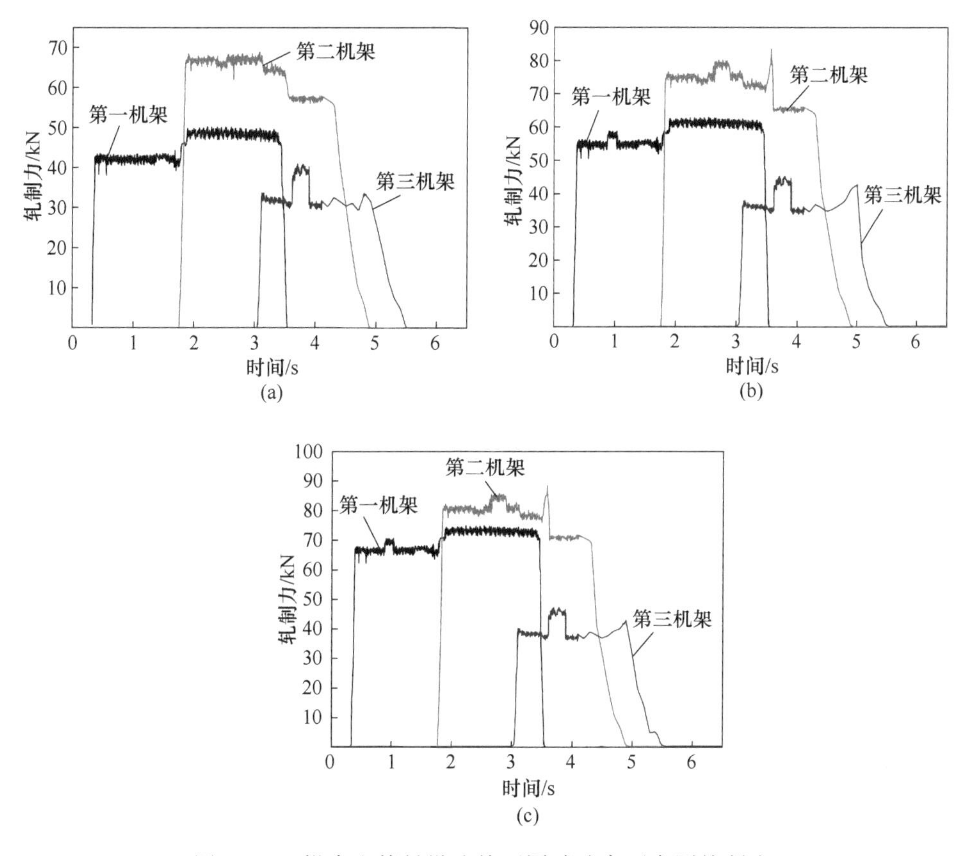

图 7-18 镁合金管材纵连轧不同减壁率下实测轧制力

(a) 20%；(b) 30%；(c) 40%

表 7-7 镁合金管材纵连轧不同减壁率下实测稳态轧制力

减壁率/%	实测稳态轧制力/kN
20	64.88
30	73.60
40	77.13

从图 7-18 和表 7-7 可知，镁合金管材纵连轧实验过程中随着减壁率逐渐增大，镁合金管材在稳定轧制区轧制力（第二机架）也随之增大。从减壁率 20%时的 64.88kN 增加到 40%时的 77.13kN，增加了 18.9%。

7.4.2.2 镁合金管材连轧扭矩

镁合金管材纵连轧不同减壁率下实验所测得的三机架轧制扭矩如图 7-19

所示。镁合金管材纵连轧在不同减壁率条件下稳态变形区第二机架实测扭矩见表 7-8。

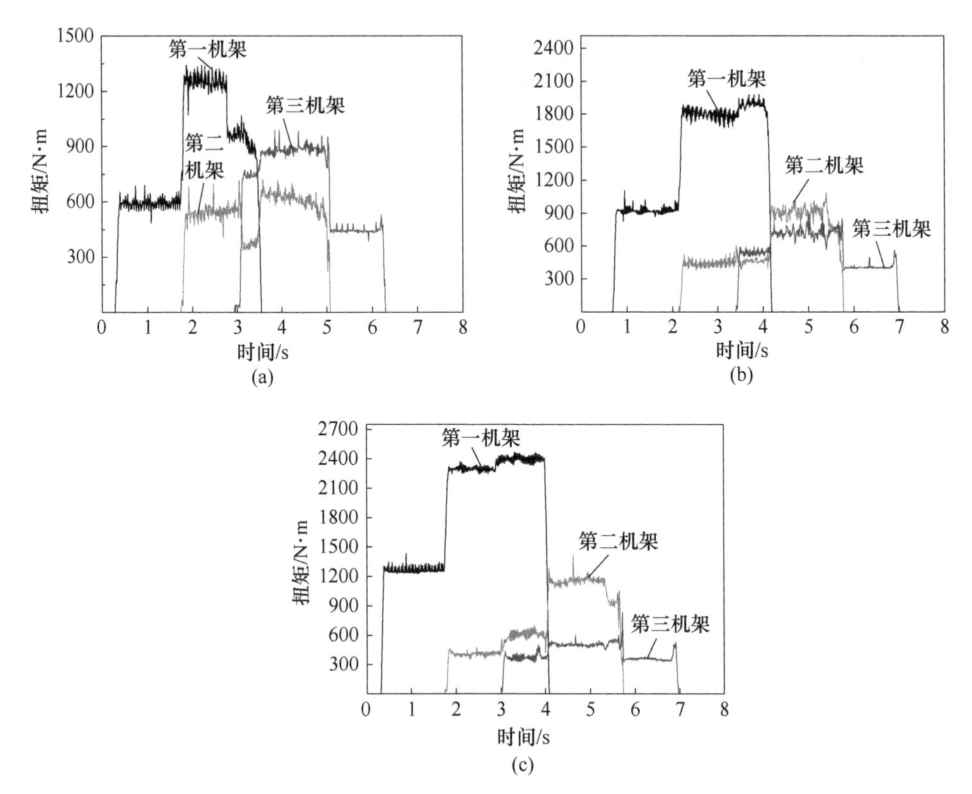

图 7-19 镁合金管材纵连轧在不同减壁率下实测扭矩

（a）20%；（b）30%；（c）40%

表 7-8 镁合金管材纵连轧不同减壁率下实测稳态扭矩

减壁率/%	实测稳态扭矩/N · m
20	380
30	456
40	545

从图 7-19 和表 7-8 可知，随着减壁率逐渐增加，镁合金管材纵连轧实测的扭矩值会随之增大。从减壁率为 20%和 30%两组曲线图可以看出，在稳定轧制段第三机架比第二机架的扭矩值要大，这是由于第三机架轧辊的张力较大，镁合金管件受到第三机架的拉力而被拉入第二机架，镁管从而带动第二机架轧辊转动，总的来说，第二机架的轧制扭矩比较低是由于第三机架轧

辊转速匹配不太合适，第二和第三机架轧辊转速差较大所引起的。第二机架的轧辊转速比较低，使得张力不足。

7.4.2.3 镁合金管材纵连轧壁厚

不同减壁率条件下镁合金管材连轧时实测的第二机架处周向壁厚变化如图 7-20 所示。镁合金管材纵连轧不同减壁率条件下轧后周向平均壁厚见表 7-9。

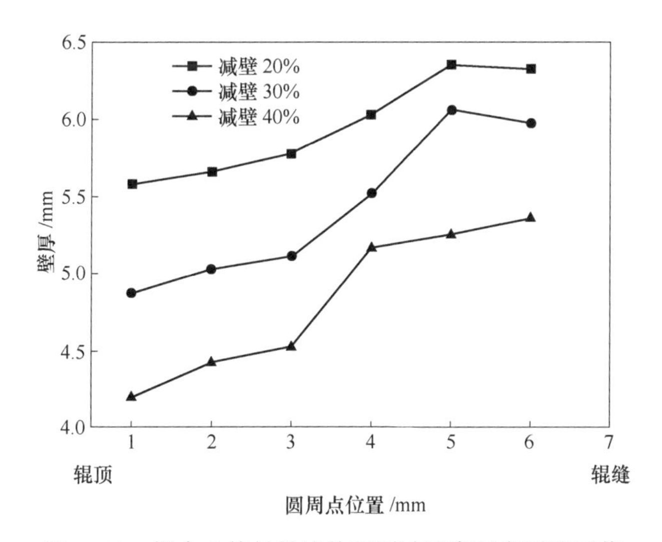

图 7-20 镁合金管材纵连轧不同减壁率下实测壁厚值

表 7-9 镁合金管材纵连轧不同减壁率下平均壁厚

减壁率/%	平均壁厚/mm
20	5.855
30	5.327
40	4.522

由表 7-9 可以看出随着减壁率的加大，镁合金管材纵连轧后平均壁厚值逐渐减小。从 20%时的 5.855mm 降至 40%时的 4.522mm。

7.4.2.4 镁合金管材纵连轧金属的流动

镁合金管材纵连轧时管材在轧制方向延伸的同时自由流动的金属会向辊缝处流动，辊顶处会产生较大的剪切变形。轧制后的镁合金管材比轧制前长度伸长，管壁会不同程度变薄。镁合金管材轧前和轧后外观如图 7-21 所示。

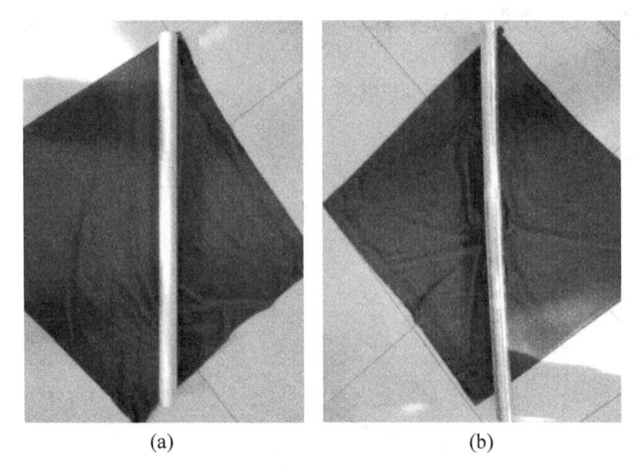

(a)　　(b)

图 7-21　镁合金管材纵连轧前后外观对比

(a) 轧前；(b) 轧后

镁合金管材纵连轧不同减壁率条件下的轧制前后长度见表 7-10。

表 7-10　镁合金管材纵连轧不同减壁率条件下的轧制前后长度

减壁率/%	实验管长/mm		伸长率/%
	轧前	轧后	
20	1000	1195	19.5
30	1000	1320	32
40	1000	1430	43

由表 7-10 轧制前后长度对比可以看出，减壁率越大轧制后镁合金管材的伸长率也大，从 20%时的 19.5%增加到了 40%时的 43%。

7.4.2.5　镁合金管材纵连轧金相分析

镁合金管材纵连轧在不同减壁率条件下轧后轧制方向的金相图如图 7-22 所示。从图 7-22 可以看出镁合金管材在不同减壁率条件下轧制时轧后晶粒大小存在差异，减壁率为 20%时虽然晶粒有一定的细化但是晶粒不均匀，当减壁率达到 40%时虽然晶粒明显得到细化也比较均匀，但是会出现条状棱，这主要是因为轧制时会产生塑性变形热，且减壁率越大产生的塑性变形热越多，这样沿着轧制方向金属会发生组织软化现象，出现较大且不均匀的流变。所以相比在减壁率为30%时效果比较好，晶粒既得到了细化同时也没有条状棱出现。

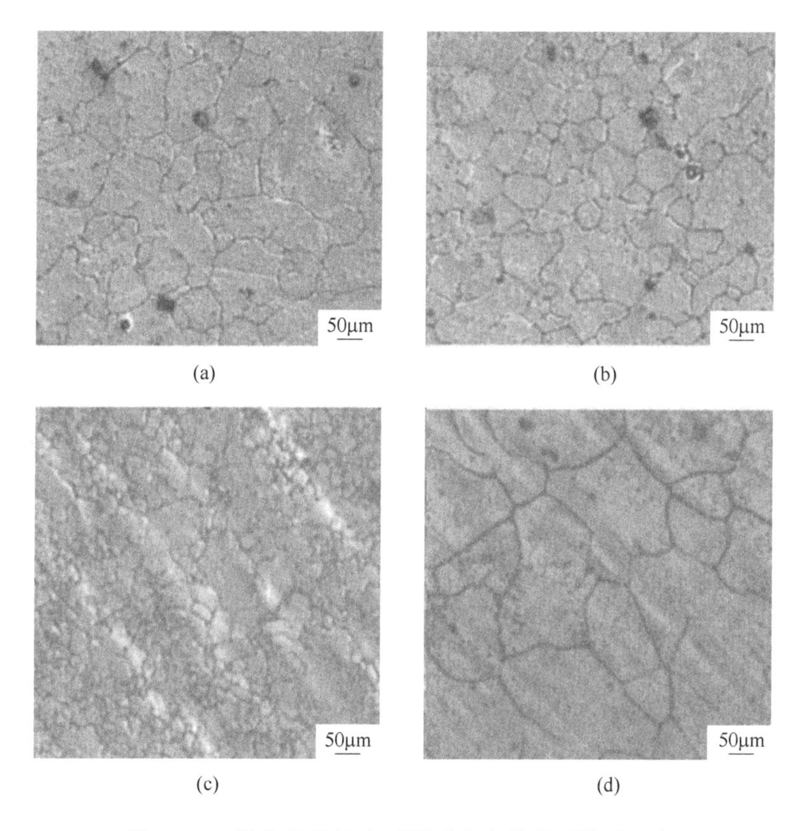

(a) (b) (c) (d)

图7-22 镁合金管材在不同减壁率条件下轧后金相
(a) 20%；(b) 30%；(c) 40%；(d) 轧前

7.5 工艺改进

鉴于镁合金管材轧制对轧制条件要求较高，轧制过程中会产生轧制损伤甚至轧裂等情况，所以必须要对轧制工艺进行改进以达到最理想的轧制条件。

7.5.1 道次压下量影响

在不同减壁率条件下对镁合金管材进行热连轧实验，实验结果显示当减壁率达到40%时轧后管材在辊缝区域出现了裂纹，如图7-23所示。

图 7-23 压下率 40%时管件裂纹

当减壁率达到 40%时在轧辊辊缝区域出现了裂纹，所以在镁合金管材轧制时要想轧制出合格且质量好的产品必须合理控制压下量，当减壁率太小时，延伸和宽展效果不明显，达不到生产要求；当减壁率过大时虽然保证了延伸和宽展，但是超过某一个临界值时就会产生裂纹，所以控制压下量选择一个合理的压下范围可以有效改善轧制质量。

7.5.2 速度制度设定

三组不同轧辊转速见表 7-11。

表 7-11 轧辊转速情况

组序	第一机架转速/$r \cdot min^{-1}$	第二机架转速/$r \cdot min^{-1}$	第三机架转速/$r \cdot min^{-1}$
1	21.33	24.04	25.42
2	21.33	24.04	27.45
3	21.33	24.04	29.43

第二、第三机架之间轧辊转速差和稳定轧制阶段第二机架损伤、等效应力关系如图 7-24 所示。

当第二和第三机架轧辊转速差增大时，第二、第三机架间张力必定随之增大，那么轴向应力也会增大，从图 7-24 可以看出，第二、第三机架轧辊转速差增大时等效应力增大，损伤值反而减小，损伤值和等效应力成负相关关系。所以，轧制时适当提高轧辊间转速差来减小损伤，但注意要控制在一个合理的范围内。

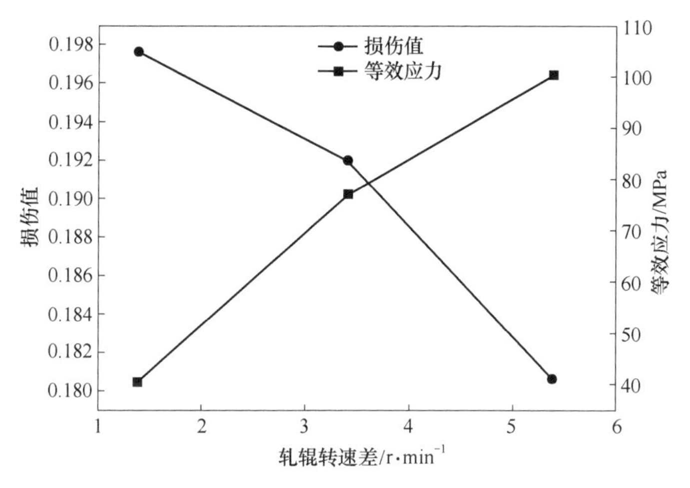

图 7-24 轧辊转速差和损伤、等效应力关系[1]

7.6 本章小结

本章简述了纵连轧过程镁合金管坯变形区各区域应力与应变分布状态，给出了各区域金属变形区应力与应变的计算方法，讨论了小直径管纵连轧过程特有的变形特征，构建了纵连轧轧制力学模型，并通过有限元软件对镁合金管纵连轧过程进行了数值模拟，分析了不同减壁率下温度场分布、损伤、轧制力及轧制力矩，并开展轧制实验进行验证。得到的结果可为镁合金管的制备提供理论指导和技术支撑。

参考文献

[1] 苟毓俊．镁合金管材连轧工艺关键技术开发研究［D］．太原：太原科技大学，2016.

[2] 周研．小直径无缝钢管短流程连轧特征与关键技术研究［D］．太原：太原科技大学，2016.

[3] 肖大舟，张雄，陆明万．双重点最小二乘配点无网格法［J］．计算力学学报，2006，23（6）：711-718.

[4] 苟毓俊，双远华，周研，等．AZ31B 镁合金管材纵连轧损伤与温度场探索性研究［J］．稀有金属材料与工程，2017，46（11）：3326-3331.